누구나 읽을 수 있는

수학이데아

수학의 본질을 묻다 - 철학으로 보는 수학 이야기

신정수 지음

지오북스

| 신정수

서울디지털대학 소프트웨어공학과 객원교수 (인공지능수학/이산수학 강의)
네이버 Edwith 강의
    (어른들을 위한 기초수학, 삼각함수 미적분, 벡터 미적분, 수학철학)
기업 대상 수학 출장강의 (미적분, 인공지능수학, 선형대수 등)
고교, 대학 등 수학 주제 특강(수학사/수학철학)
한국외국어대학교 대학원 철학 석사 (수학철학 전공)
서울대학교 자연과학대학 수학과 졸업

누구나 읽을 수 있는 수학이데아

초 판 발 행	2025년 9월 1일
저　　　자	신정수
펴 낸 곳	지오북스
등　　　록	2016년 3월 7일 제395-2016-000014호
전　　　화	02)381-0706 / 팩스　　02)371-0706
이 메 일	emotion-books@naver.com
홈 페 이 지	www.geobooks.co.kr
I S B N	9791194145264
정　　　가	24,000 원

이 책은 저작권법으로 보호받는 저작물입니다.
이 책의 내용을 전부 또는 일부를 무단으로 전재하거나 복제할 수 없습니다.
파본이나 잘못된 책은 바꿔드립니다.

저자서문

수학은 학교에서 가장 오래, 그리고 가장 널리 배우는 과목 중 하나입니다. 그런데 정작 '수학이란 과연 어떤 지식인가?', '수는 어디에서 왔을까?', '수학은 발명일까, 발견일까?' 같은 근본적인 질문을 해 본 사람은 많지 않습니다.

더욱이 서양 철학사 전체를 관통하는 중요한 사유 중 하나가 수학이라는 독특한 지식의 성격과 지위에 대한 논의였다는 사실은, 철학 전공자들 사이에서도 종종 잊히거나 간과되는 주제입니다. 고대의 플라톤과 아리스토텔레스, 근대의 데카르트와 로크, 그리고 현대의 수리철학자들에 이르기까지, 수학은 단순한 계산을 넘어 '진리란 무엇인가', '지식은 어떻게 가능한가'를 묻는 철학의 심장부에 놓여 있었습니다.

그럼에도 불구하고 수학을 배우는 대부분의 사람들, 심지어 철학을 전공하는 이들조차 이 흥미롭고 본질적인 논의에 대해 접할 기회가 드물다는 것은 안타까운 일입니다.

이 책은 그러한 문제의식에서 출발하였습니다.

처음에는 청소년을 위한 수학철학 입문서를 염두에 두고, 중고등학생들이 철학의 눈으로 수학을 새롭게 바라볼 수 있도록 쉽게 풀어 쓰는 것을 목표로 삼았습니다. 그러나 집필을 거듭하면서, 이 주제가 일반 교양인들에게도 충분히 의미 있고 흥미진진한 지적 여정이 될 수 있다는 확신을 얻게 되었고, 그에 따라 문장과 구성을 다듬어 부담 없이 읽을 수 있으면서도 사유의 깊이는 놓치지 않도록 신중을 기했습니다.

이 책은 어려운 기호나 전문적인 수학 이론을 피하고, 오히려 '숫자는 어디서 왔는가', '수학은 인간이 발명한 것인가, 아니면 우주 어딘가에 실재하는 진리인가', '무한이라는 개념은 실제 존재하는가'와 같은 질문 중심으로 전개됩니다. 철학자들의 역사적 논쟁을 따라가면서 독자 스스로 생각하고, 자기만의 철학적 관점을 가질 수 있도록 돕는 데 초점을 맞추었습니다.

무엇보다 이 책은 필자가 철학을 공부하기 이전, 순수한 수학도로서 가졌던 직관과 질문들을 다시 되짚고, 그것을 철학의 언어로 새롭게 번역해보려는 시도이기도 합니다. 그런 점에서, 철학이라는 학문이 무엇인지조차 알지 못하던 필자에게 철학의 문을 열어주시고, 수학 철학이라는 흥미로운 사유의 세계로 이끌어주신 한국외국어대학교 임일환 교수님께 깊은 감사의 마음을 전합니다. 그 가르침이 없었다면 이 책은 시작되지도 않았을 것입니다.

또한, 원고를 검토해주시거나 평소 관련 내용에 대한 귀중한 조언을 아끼지 않으신 여러분들께도 심심한 감사의 마음을 표합니다. 카이스트 수리과학과의 김동수 교수님, 인하대 수학과의 송용진 교수님, 그리고 한국외국어대 철학과의 김원명 교수님과 『5분뚝딱철학』의 김필영 박사님께서는 이 책의 방향과 깊이를 더욱 단단하게 해주셨습니다. 또 GES영재교육센터에서 함께 활동하면서 늘 격려와 영감을 주시는 지형범 대표님, 최건돈 박사님, 이은혜 선생님께도 이 자리를 통해 깊은 감사의 마음을 전합니다.

  이 책이 수학을 사랑하는 학생들에게는 새로운 시야를, 수학을 멀게 느꼈던 독자들에게는 지적 호기심의 불씨를 지펴주는 계기가 되기를 소망합니다. 수학 위의 수학, 철학의 눈으로 수학을 바라보는 여행에 이제 함께 떠나봅시다.

2025. 7. 20 저자 신정수

차 례

들어가는 글: 숫자는 대체 어디서 왔을까?

1. 공기 같은 숫자, 세상에 없는 수학   3
2. '숫자'가 태어나기 전, 인류는 어떻게 셌을까?   6
3. 현실에서 아이디어를 줍다: 아리스토텔레스의 생각   8
4. 완벽한 세계를 엿보다: 플라톤의 생각   10
5. 피타고라스 정리에 대해 생각해 보기: 이 정리는 발견일까, 발명일까?   12
6. 그래서, 숫자는 어디에서 왔을까?   13

제1장   철학사의 두 기둥: 플라톤 vs 아리스토텔레스

1. 인류 역사상 가장 위대한 스승과 제자의 대결   17
2. 플라톤: 수학은 완벽한 '이데아 세계'의 설계도   18
3. 아리스토텔레스: 수학은 현실 세계의 '공통점' 찾기   21
4. 세기의 대결, 당신의 선택은?   24

제2장   보편자 논쟁: '숫자 2'는 이 세상에 존재하는 걸까?

1. 게임 속 '전설의 검'은 어디에 있을까?   31
2. "보편자는 저 너머에!" – 플라톤 탐험대 (실재론)   33

3. "보편자는 이름표일 뿐!" - 오컴 해결사 군단 (유명론)　　34
4. "보편자는 우리 머릿속에!" - 데카르트 설계자 연합 (개념론)　36
5. 그래서, 이 배틀의 승자는 누구?　　38

제3장　근대의 합리주의와 경험주의: 데카르트 vs 로크

1. 수학 지식은 어디에서 왔을까?　　43
2. "나는 생각한다, 고로 존재한다."　　45
3. 우리 마음속의 '내장 계산기': 본유관념　　47
4. 로크: "수학, 텅 빈 마음을 채우는 경험의 조각들"　　48
5. 경험으로 만드는 수학: 추상화의 마법　　49
6. 위대한 대결: 타고난 천재 vs. 경험의 달인　　51
7. 그래서, 누구의 말이 맞을까요?　　52

제4장　수학은 과연 어떤 지식일까? 흄 vs 칸트

1. 잠자던 철학의 거인을 깨운 한마디　　59
2. 흄의 지식 정리법: 세상의 모든 지식은 두 종류뿐이다!　　59
3. 칸트의 반격: 제3의 길이 있다!　　63
4. "7+5=12"에 숨겨진 비밀　　65
5. 칸트의 지식 분류법에 대한 비판　　67
6. 수학, 마음이 만든 창조물　　69

제5장 수학 혁명의 구조: 토머스 쿤 vs 가스통 바슐라르

1. 계단 오르기 vs. 천지개벽, 그리고 증축　　　　　　　　75
2. 혁명 1 : "또 다른 기하학이 있다고?"　　　　　　　　77
3. 혁명 2 : "무한의 낙원에 역설이?" – 집합론의 위기　　78
4. 혁명 3 : "증명할 수 없는 진실이 있다!"–괴델의 불완전성 정리 79

제6장 수학 연구의 본질 발견일까 발명일까?

1. 우주 탐험가 vs 위대한 작곡가　　　　　　　　　　83
2. 발견 팀(Team Discovery): 수학은 우주의 숨겨진 설계도다　85
3. 발명 팀(Team Invention): 수학은 인간 정신의 가장 위대한 창조물이다　87
4. 어쩌면 둘 다, 혹은 잘못된 질문　　　　　　　　　　90
5. 이제 당신의 차례입니다　　　　　　　　　　　　　91

제7장 세상사의 추론법: 귀납법과 연역법

1. 진실을 찾아내는 탐정의 두 가지 도구　　　　　　　95
2. 귀납법 : 경험으로 세상을 예측하는 방법　　　　　　96
3. 연역법 : 절대 무너지지 않는 논리의 성을 쌓는 법　　98
4. 추론의 조연들 : 유추와 직관적 귀납　　　　　　　　99
5. 올바른 장소에, 올바른 도구를　　　　　　　　　　　101

제8장 확률적 판단: 확률과 기댓값, 베이즈 추정

1. 우연을 길들이는 언어, 확률   105
2. 베이즈 추정: 새로운 정보로 믿음 업데이트하기   108
3. 수학으로 행운을 파헤치기: 확률, 기대값, 그리고 우리의 선택   110

제9장 논리의 기본 법칙: 모순율과 배중률

1. 모든 게임을 지배하는 단 두 개의 황금률   117
2. 모순율: "이랬다저랬다 하지 마!" – 논리의 제1원칙   118
3. 배중률: "어중간한 건 없어!" – 흑과 백의 법칙   120
4. 논리 계산: 생각을 공식으로 바꾸다   122
5. 논리의 힘, 그리고 그 한계   124

제10장 기호 논리의 효용성: 연결사와 논리 연산

1. 안개 속에 가려진 말들   127
2. 논리학? 그거 그냥 '말 잘하는 법' 아닌가요?   128
3. 생각의 집을 짓는 도구들: 연결사(Connectives)   130
4. 논리학의 슈퍼스타: '만약 … 이면'의 세계 (조건명제)   131
5. 첫 번째 수수께끼 풀이: 배수 문제의 비밀   133
6. 두 번째 수수께끼 풀이: 명탐정의 논리 수사법   136

제11장 수학의 증명법: 수학자들의 비밀 무기 대 공개

1. 게임의 규칙: 공리, 정리, 그리고 증명   143
2. 정면승부냐, 우회 공격이냐: 직접 증명법 vs 간접 증명법   144
3. 특수한 상황을 위한 특별한 무기들   147
4. 논리의 허점을 찌르는 기묘한 증명들   150
5. 증명의 미학과 함정   151

제12장 무한집합의 미스터리: 무한의 크기 비교

1. '끝없는' 너머의 세계   157
2. 무한의 개수를 세는 법: 칸토어의 기발한 아이디어   158
3. 무한의 첫 번째 레벨: '셀 수 있는' 무한   161
4. 무한의 사다리: '셀 수 없는' 무한의 등장   161
5. 실수는 왜 자연수보다 클까요? 대각선 논법 따라잡기   163
6. 낙원의 비극: 논리를 집어삼키는 역설   166
7. 낙원에서 쫓겨난 수학자들   167

제13장 역설(Paradox): 논리의 균열과 새로운 시작

1. 거짓말쟁이의 역설: 말장난인가, 논리의 구멍인가?   173
2. 러셀의 역설: 집합론을 흔든 충격   174
3. 현실 속의 역설: 도서관 목록서 이야기   176
4. 역설의 원인과 해결 노력   178

5. 역설, 좌절인가 발전인가?   181

제14장 수학은 기호들로 하는 게임? 수학 철학의 형식주의

1. 수학, 의미를 지운 체스 게임   185
2. 위기 속의 구원투수, 힐베르트의 등장   187
3. 형식주의의 규칙: 의미는 없고 일관성만 있을 뿐   189
4. 무한, 위험하지만 유용한 도구   190
5. 가상 게임이 현실 세계에 들어맞는 이유   191
6. 형식주의의 꿈을 무너뜨린 괴델의 일격   193

제15장 수학은 완전한 진리일까? 괴델과 튜링

1. 모든 것을 증명하는 '진리 기계'의 꿈   197
2. 괴델의 일격: "이 문장은 증명될 수 없다"   198
3. 튜링의 등장과 기계의 한계   201

제16장 신직관주의: 배중률 문제, 수학적 진리 개념

1. 수학의 본질을 찾는 세 개의 팀   209
2. 직관주의의 슈퍼스타, 브라우어의 등장   210
3. 세상을 뒤흔든 논쟁: '무한'은 진짜 존재하는가?   213

4. 브라우어의 필살기: "배중률은 틀렸다!" 214
5. 브라우어의 주장에 대한 필자의 비판 의견 216
6. 끝나지 않은 논쟁: 수학적 진리란 무엇인가? (덤밋 vs 프라위츠) 218
7. 직관주의에 대한 필자의 생각: 수학, 자유로운 정신의 위대한 탐험 220

나가는 글 정답은 없지만, 질문은 계속된다.: AI 시대의 수학 철학

1. "왕들의 시대는 끝났다" 세 거인(논리주의, 형식주의, 직관주의)의 퇴장 225
2. "수학자들은 진짜 어떻게 일할까?" 철학, 현장을 가다. 226
3. "수학은 우리의 뇌 안에 있다." 뇌과학과 인지과학의 만남 229
4. 관계와 질서, 컴퓨터와 만나다: 구조주의와 유형론 231
5. 돌아온 플라톤? 세련된 발견설 (수학적 자연주의) 234
6. 이제 당신의 차례입니다. AI는 수학을 '발명'할까, '발견'할까? 235

들어가는 글 :

숫자는 대체 어디서 왔을까?

1. 공기 같은 숫자, 세상에 없는 수학

　우리는 누구나 초, 중, 고 학교에서 수학이라는 이 묘한 과목을 열심히 배우고 공부하죠. 수학을 매우 좋아하고 잘하는 누구에게는 이 수학이라는 과목이 매우 흥미롭고 재미있는 과목일 겁니다. 하지만 많은 다른 학생들에게는 수학 문제를 계산하고 답을 구하는 것이 때론 지루하고 때론 매우 짜증이 나는 일일 수도 있겠죠. 더구나 자신을 '수포자'로 자처할 정도로 수학을 못 하고 싫어할 때는 수학과는 아예 담을 쌓기도 합니다. 그러다가 어른이 되어서도 학교에서의 수학이란 흔히 꼬인 문제들을 잘 풀어내는 독특한 능력을 떠올리는 경우가 많습니다. 사실 이공계 대학을 나온 어른이라 하더라도 음수 계산, 삼각비, 인수분해, 함수, 복소수, 로그, 미적분 등 중고등학교 수학의 여러 개념 및 의미에 대해 질문을 해보면 이에 대해 제대로 답을 하는 경우가 흔치 않습니다. 나아가 수학이란 어떤 학문이고 어떤 종류의 지식을 다루는 것인지에 대한 보다 인문학적이고 철학적인 사고를 해본 경우는 더욱 드물 것입니다.

　이 책에서는 수학이란 과연 어떤 지식인가를 다루게 될 것입니다.

그리고 그 기초가 되는 '수'라는 것은 과연 어디서 온 것인지, 이 세계나 다른 어딘가에 실제 존재하는 대상으로 볼 수 있는지 등에 관해서도 이야기 나눌 것입니다. 그밖에도 수학은 발명인지 발견인지, 논리학은 완전무결한 것인지, 또 무한도 그 크기 비교가 합당한 것인지 등에 관한 생각의 화두를 던집니다. 수학에 대한 이런 질문들은 어찌 보면 좀 엉뚱하고 이색적인 것들로 보일 수도 있을 겁니다. 하지만, 역사적으로 많은 지혜로운 철학자들은 실제 이런 의문에 대해 깊은 고민과 주장과 토론을 많이 했습니다. 이런 것들을 수학 위의 수학 즉 '메타 수학'이라고 말하며, 철학 중에서는 '수학 철학' 또는 '수리철학'이라고 말을 합니다. 이 책에서 이러한 내용을 함께 살펴보고, 생각하고, 토론까지 해본다면 수학에 관해 매우 의미 있고 흥미로운 경험이 될 것입니다. 자, 이제 이 독특한 수학 철학 여행을 함께 떠나보기로 합시다.

가만히 생각해 보면 수학에는 아주 이상하고 특별한 점이 하나 있습니다. 물리학이나 화학 같은 다른 과학 과목을 생각해 보세요. 과학자들은 보통 실험실에서 현미경으로 무언가를 들여다보거나, 망원경으로 별을 관찰하거나, 비커에 용액을 섞어보며 자연의 비밀을 파헤칩니다. 과학 지식은 대부분 이런 바깥세상에 관한 '경험'을 통해 얻어지죠. 하지만 수학자는 어떤가요? 수학자가 연구실에서 현미경으로 숫자 '7'을 관찰하거나, 덧셈 공식을 증명하기 위해 비커에 물을 섞는 모습을 상상할 수 있나요? 아마 없을 거예요. 수학은 바깥세상을 직접 관찰하지 않고도 발전해 온 아주 독특한 학문이기 때문입니다. 오히려 수학은 우리의 머릿속, 즉 내적인 생각(성찰)과 훨씬 더 깊은 관련이 있어 보입니다. 이런 이유로 철학자들은 오래전부터 수학 지식을 '굳이 경험해 보지 않아도 알 수 있는 지식', 즉 '선험적(a priori)' 지식이라고 불렀습니다. '총각은 결혼하지 않은 남자다'라는 문장을 생각해 보세요. 이 말이 사실인지 확인하기 위해 온 세상의 총각들을 일일이 만나 결혼했는지 물어볼 필요는 없잖아요? '총각'이라는 단어의 뜻 안에 이미 '결혼하지 않은 남자'라는 의미가 포함되어 있기 때문이죠. 수학의 "2+2=4" 같은 지식도 이와 비슷하게, 우리의 실제 실험이나 경험을 통하지 않고도 논리적 생각만으로 항상 참이라는 것이라는 것을 알 수 있습니다.

그렇다면 질문이 생깁니다. 수학이 경험을 통해 얻어지는 것이 아니라면, 도대체 인류는 어떻게 '하나, 둘, 셋...'을 세기 시작했을까요? 이 오래되고 거대한 질문에 답하기 위해, 지금부터 위대한 철학자들의 생각을 따라 흥미진진한 탐험을 떠나보겠습니다.

2. '숫자'가 태어나기 전, 인류는 어떻게 셌을까?

우리가 지금처럼 편리한 아라비아 숫자를 쓰기 전, 옛날 사람들은 정말 기발하고 다양한 방법으로 수를 기록했어요. 철학자들의 생각을 만나기 전에, 먼저 그들의 고민이 시작된 출발점으로 가볼까요?

• **가장 원시적인 계산기, 우리 몸** : 우리의 손가락과 발가락은 그 자체로 훌륭한 계산기였습니다. 지금도 우리가 숫자를 셀 때 열 개가 넘어가면 헷갈리기 시작합니다. 물건을 열 개씩 묶어서 세는 것이 십진법인데, 전 세계적으로 이 십진법이 가장 많이 쓰이는 이유가 뭘까요? 짐작하다시피 바로 우리의 양손 손가락이 10개이기 때문이죠!

• **벽에 새긴 눈금, 탤리 마크** : 어느 영화였던지 무인도에 갇힌 주인공이 시간이 얼마나 흘렀는지 알기 위해 동굴 벽에 하나씩 눈금을 새기던 모습이 떠오릅니다. 그것을 인류의 가장 오래된 기록 방식 중 하나인 '탤리 마크(Tally Mark)'라고 합니다. 옛날 사람들은 동물의 뼈나 동굴 벽에 눈금을 새겨서 사냥한 동물의 수나 날짜를 기록했다고도 하죠.

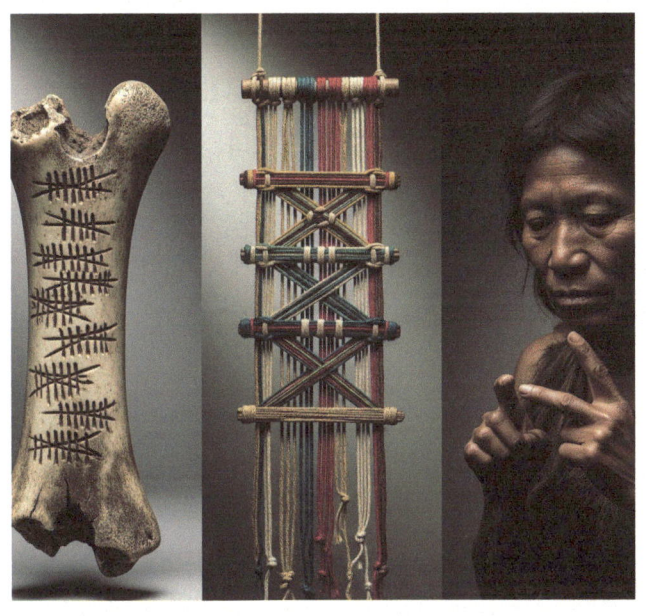

- **끈으로 쓴 데이터베이스, 키푸** : 고대 잉카 제국에서는 '키푸(Quipu)'라고 불리는 매듭으로 묶인 끈을 사용해 나라의 인구나 곡물의 양 같은 중요한 정보를 기록했습니다. 각기 다른 색깔의 끈과 매듭의 위치, 모양을 조합해서 엄청나게 복잡한 정보를 담았다고 하는데, 이것이야말로 '끈으로 쓴 원시 데이터베이스'라고 할 수 있지 않을까요?

하지만 이 모든 방법에는 한 가지 공통점이 있었습니다. 바로 구체적인 물건과 일대일로 짝을 맞추는 방식으로 수를 파악했다는 점이죠. 그러면서 "저기 있는 사슴 세 마리"와 "내 손에 있는 돌멩이 세 개", "어제 먹었던 사과 세 개". 이 모든 것들 속에 공통적으로 들어있는 추상적인 수의 개념, 즉 '3'이라는 아이디어를 생각해 낸 것입니다.

그렇다면 바로 이 '추상적인 숫자'는 대체 어디서 온 걸까요? 여기서부터 철학자들의 위대한 논쟁이 시작됩니다.

3. 현실에서 아이디어를 줍다: 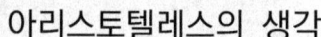 아리스토텔레스의 생각

고대 그리스의 위대한 철학자 아리스토텔레스(Aristotle)는 '세심한 자연 다큐멘터리 감독'에 가까운 분이었어요. 그는 현미경이나 망원경이 없던 시절, 오직 자신의 두 눈과 명석한 두뇌로 세상을 관찰하고, 분류하고, 정리하는 데 최고의 전문가였지요. 그는 뜬구름 잡는 상상력의 발동 대신, 우리 발밑의 단단한 현실에서부터 철학을 시작했던 것입니다.

수에 대한 그의 생각은 이랬습니다. 우리 주변을 한번 둘러보세요.

책상 위에는 연필 두 자루가 있고, 산책길에는 고양이 두 마리가 지나갔고, 어젯밤 창밖 하늘에는 밝은 별 두 개가 나란히 떠 있었습니다. 연필, 고양이, 별. 이것들은 재질도, 색깔도, 쓰임새도 각기 전혀 다른 대상들입니다. 하지만 이들을 하나로 묶는 보이지 않는 공통점이 하나 있죠? 바로 이들을 칭하는 '둘'이라는 수량입니다. 아리스토텔레스는 우리가 이처럼 구체적인 사물들에서 공통된 속성을 정신적으로 뽑아내는 활동(이를 '추상(abstraction)'이라고 합니다)을 통해 수학적 개념을 만들어낸다고 보았습니다. 마치 여러 과일(사과, 배, 감)을 보고 '과일'이라는 공통된 개념을 만들어내듯이, 어떤 묶음을 보고 '연필 두 자루'와 '고양이 두 마리' 등에서 '둘'이라는 성질만 쏙 뽑아내는 것이죠.

결국, 아리스토텔레스에게 숫자는 저 멀리 다른 세상에 숨겨진 보물이 아닙니다. 우리가 현실 세계를 관찰하며 얻은 구체적인 경험을 바탕으로, 우리 정신이 스스로 만들어내는 지적인 '발명품'이라는 뜻이죠. 오늘날의 우리가 보더라도 2천 년 이전의 아리스토텔레스의 이런 생각과 설명은 매우 그럴듯해 보이지 않나요?

4. 완벽한 세계를 엿보다: 플라톤의 생각

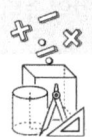

하지만 아리스토텔레스의 스승이었던 플라톤(Plato)은 제자와 생각이 180도 달랐습니다. 그를 'SF 영화감독'이라고 상상하면 이해하기 쉬울 거예요. 그는 우리가 사는 이 현실 세계는 어딘가 불안정하고 불완전하다고 느꼈습니다. 마치 영화 〈매트릭스〉처럼, 어딘가에는 완벽한 '원본 세계'가 따로 있고, 우리가 경험하는 현실 세계는 그저 그 흐릿한 그림자일 뿐이라고 생각했죠. 플라톤은 그 완벽한 원본의 세계를 바로 '이데아(Idea)의 세계'라고 불렀던 것입니다.

플라톤의 생각을 조금 더 따라가 볼까요? 여러분이 컴퍼스와 자를 이용해 정삼각형을 그린다고 상상해 보세요. 아무리 정성을 다해 그려도, 현미경으로 확대해 보면 선이 미세하게 떨리거나, 세 변의 길이가 아주 미세하게 다를 수밖에 없을 겁니다. 이 세상에 수학적으로 '완벽한' 정삼각형이란 당연히 존재하지 않을 테니까요. 그런데 이상하지 않나요? 우리는 단 한 번도 완벽한 정삼각형을 본 적이 없는데, '완벽한 정삼각형'이 어떤 것인지를 머릿속으로는 떠올릴 수 있습니다. 어떻게 그럴 수 있을까요?

플라톤은 그 이유를 이렇게 설명한 것이지요. 바로 별도의 이데아 세계에 '정삼각형의 이데아', '원의 이데아'처럼 모든 수학적 대상들의 완벽한 원본이 존재하기 때문이라는 겁니다. 우리가 수학을 공부하는 것은, 현실 세계의 불완전한 삼각형이나 원들을 단서 삼아, 원래 우리 영혼이 선험적으로 알고 있던 이데아 세계의 영원불변한 진리를 '다시 기억해내는(상기)' 활동이라는 겁니다. 그렇게 본다면 수학도 인간이 임의로 만들어내는 발명품이 아니라, 이미 이데아 세계에 존재하고 있는 절대 진리를 '발견'하는 보물찾기 같다고 말할 수 있을 것입니다.

들어가는 글: 숫자는 대체 어디서 왔을까?

5. 피타고라스 정리에 대해 생각해 보기
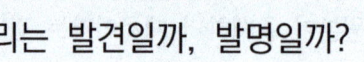　: 이 정리는 발견일까, 발명일까?

"직각삼각형에서 빗변의 제곱은 다른 두 변의 제곱의 합과 같다. ($a^2+b^2=c^2$)"는 피타고라스 정리는 인류의 위대한 지식 중 하나입니다. 그렇다면 이 정리는 피타고라스가 발명한 걸까요, 아니면 발견한 걸까요?

- 플라톤이라면 : "물론 발견이지! 이 우주가 만들어질 때부터, 심지어 인간이라는 존재가 없었을 때도 모든 직각삼각형은 이 법칙을 따르고 있었어. 피타고라스는 그저 우주의 비밀 설계도를 최초로 엿본 사람일 뿐이야."
- 아리스토텔레스라면 : "발명에 가깝지. 사람들이 수많은 직각삼각형 모양의 땅이나 물건들을 관찰하고 재어 보다가, 거기서 한 각이 직각인 삼각형 즉 직각삼각형이라는 개념을 만들어내게 된 거지. 그리고 그 안에 담긴 공통적인 성질을 찾아 하나의 공식으로 '만들어낸' 것이지."

여러분의 생각은 어느 쪽에 더 가까운가요?

6. 그래서, 숫자는 어디에서 왔을까?

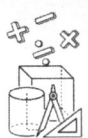

'숫자는 어디에서 왔을까?'라는 하나의 질문을 놓고, 위대한 스승과 제자의 생각이 이렇게나 달랐다는 사실이 정말 흥미롭지 않나요?

- 현실의 관찰자, 아리스토텔레스 : 숫자는 현실 세계의 사물들 속에 '속성'으로 존재하며, 우리가 그것을 '추상'하여 머릿속에서 만들어낸다. (발명에 가까움)
- 이데아의 탐험가, 플라톤 : 숫자는 현실 너머 완벽한 '이데아의 세계'에 실체로 존재하며, 우리는 이성을 통해 그것을 '발견'할 뿐이다.

이 논쟁에는 아직 정답이 없습니다. "수학은 발견인가, 발명인가?"라는 이 위대한 질문은 2,500년이 지난 오늘날까지도 수많은 수학자와 철학자들을 잠 못 들게 하는 가장 뜨거운 주제 중 하나랍니다. 수학이란 무엇인가에 대한 고민은 이렇게 가장 기본적인 '숫자'의 정체를 묻는 것에서부터 시작됩니다. 다음 장에서는 이 위대한 생각의 충돌, 플라톤과 아리스토텔레스의 철학 및 수학관을 좀 더 깊이 파헤쳐 보며 본격적인 수학 철학 탐험을 시작하겠습니다.

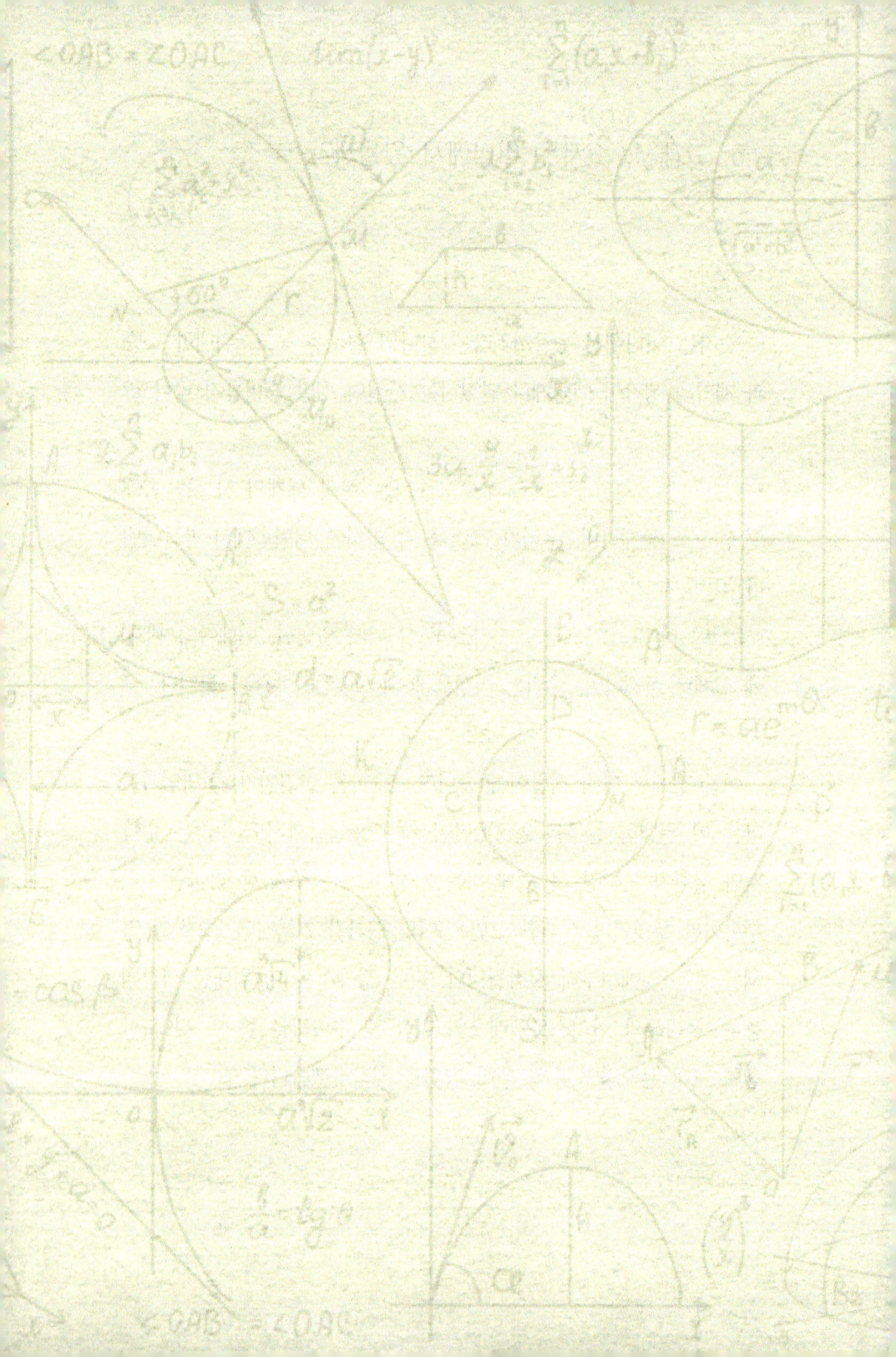

제1장 철학사의 두 기둥

플라톤 vs 아리스토텔레스

수학이란 무엇인가에 대한 고민은 이렇게 가장 기본적인 '숫자'의 정체를 묻는 것에서부터 시작됩니다. 이번 장에서는 이 위대한 생각의 충돌, 플라톤과 아리스토텔레스의 철학 및 수학관을 좀 더 깊이 파헤쳐 보며 본격적인 수학 철학 탐험을 시작하겠습니다.

1. 인류 역사상 가장 위대한 스승과 제자의 대결

인류의 철학사, 지성사를 통틀어 가장 유명하고, 또 가장 탁월했던 스승과 제자를 꼽으라면 많은 사람이 주저 없이 플라톤과 그의 제자 아리스토텔레스를 꼽을 겁니다.

아리스토텔레스는 스승인 플라톤의 학교 '아카데미아'에서 20년 가까이 공부하며 실로 많은 것을 배웠지만, 스승의 철학을 그대로 따르지는 않았어요. 오히려 그는 스승의 가장 핵심적인 생각에 정면으로 반박하며 자신만의 독창적인 철학 제국을 건설해 나갔고 볼 수 있죠.

특히 '수학이란 무엇인가?'라는 질문을 두고 두 사람의 생각은 완전히 정반대 방향으로 갈라졌습니다. 이것은 단순히 "짜장면이냐, 짬뽕이냐" 같은 취향의 차이가 아니었어요. 우리가 사는 이 세계를 어떻게 바라봐야 하는지, 진정한 지식이란 무엇인지에 대한 가장 근본적인 관점의 차이였죠. 이 위대한 두 철학자의 생각은 이후 2,000년이 넘는 시간 동안 서양 철학 전체를 떠받치는 두 개의 거대한 기둥이 되었습니다.

마치 영화 속 슈퍼히어로들의 숙명적인 대결처럼, 지금부터 두 철학 거장의 흥미진진한 수학 배틀을 더 깊이 감상해 보시죠.

2. 플라톤 : 수학은 완벽한 '이데아 세계'의 설계도

먼저 스승인 플라톤의 이야기부터 들어보는 게 맞는 순서겠죠? 그는 우리가 보고 만지는 이 현실 세계가 어딘가 불완전하다고 느꼈습니다. 여러분도 그런 적 없나요? 분명히 동그랗게 원을 그린다고 그

렸는데 자꾸 삐뚤어지고, 반듯하게 선을 긋고 싶어도 미세하게 흔들리는 경험 말이에요. 자를 써서 정삼각형을 반듯하게 그린다고 해도 마찬가지일 겁니다. 더구나 정말 조금의 오차도 없이 세 변의 길이가 완전히 같은 정삼각형을 그리는 것은 현실에서 절대 불가능할 것입니다.

플라톤은 이런 현실의 불완전함에는 이유가 있다고 생각했습니다. 바로 우리가 사는 이 세계가 '진짜'가 아니라, 어딘가에 존재하는 완벽한 '원본'의 불완전한 '그림자'나 '복사본' 같은 것일 뿐이라는 겁니다. 그가 생각하는 완벽한 원본의 세계를 그는 바로 이데아(Idea)의 세계라고 불렀던 것입니다. 그렇다면 진짜 수학은 어떤 것일까요? 플라톤에게 수학은 바로 그 완벽한 이데아 세계의 진리를 탐구하는 가장 중요한 활동이었습니다. 우리가 현실에서 만나는 찌그러진 원이나 비뚤어진 삼각형은, 이데아 세계에 존재하는 '완벽한 원의 이데아'와 '완벽한 삼각형의 이데아'를 어렴풋이 떠올리게 해주는 단서일 뿐이죠. 우리는 이 단서들을 매개로, 신체적 눈을 통하지 않고 순수한 이성(지성)의 눈을 통해 영원히 변치 않는 진리를 '발견'하거나, 우리 영혼이 원래부터 알고 있던 진리를 '다시 기억해내는 (상기)' 것이라고 주장했습니다. 이런 생각 때문에 플라톤은 아테네에 '아카데미아'라는 학교를 세우고, 그 입구에 "기하학(수학)을 모르는

자는 이 문을 들어오지 말라"는 문구를 새겨놓을 정도로 수학을 중요하게 여겼습니다. 그에게 수학적 진리란 신의 언어와도 같았고, 그래서 신을 '끊임없이 일하는 기하학자'라고 표현하기도 했죠.

하지만 플라톤의 생각에는 한 가지 어려운 질문이 따라붙습니다. 바로 '정확성의 문제(the problem of precision)'라고 불리는 것인데요, 현실 세계에서는 완벽한 정삼각형이나 완벽한 직선의 사례를 절대로 찾을 수 없는데, 어떻게 현실에서 수학이 가능한 것인가 하는 질문이죠. 이에 대한 플라톤의 대답은 명쾌했습니다. "그것 보아라! 현실이 이렇게 불완전하니, 완벽한 이데아의 세계가 따로 있다는 가장 강력한 증거가 아니겠는가? 그러니까 수학은 신체 감각이 아닌 선험적 이성으로만 가능한 것이 아니겠는가?"

플라톤의 수학 요점 정리!

• 수학의 위치	우리가 사는 현실 너머, 완벽하고 영원한 '이데아의 세계'에 존재한다.
• 수학 공부란?	현실의 불완전한 도형을 단서 삼아, 이데아 세계의 완벽한 진리를 이성으로 '발견'하는 것이다.
• 수학적 대상	수는 사물을 초월하여 존재하는 완벽한 실체다.

3. 아리스토텔레스:
수학은 현실 세계의 '공통점' 찾기

이제 제자 아리스토텔레스의 반격을 들어볼 시간입니다. 그는 스승처럼 저 너머의 신비로운 세계를 상상하기보다, 두 발로 굳건히 서 있는 현실 세계에 집중했습니다. 그의 철학은 매우 경험적이고 과학적이었죠. 아리스토텔레스는 수학을 포함한 다양한 개념들이란 이데아 같은 별도의 세계에 있는 것이 아니라, 바로 우리가 관찰하는 구체적인 사물들로부터 나온다고 생각했습니다. 아리스토텔레스는 우리가 이 세상에서 감각적으로 만나는 개별자들을 제1실체로 보고, 그 개별자들의 특성을 의미하는 보편자를 제2실체로 분류했습니다. 각 개별자는 그 원료(질료)에 보편자(형상)가 들어와 비로소 우리가 보는 감각적인 실체가 된다는 설명이었습니다. 이것이 바로 플라톤의 이데아론과 대조되는 아리스토텔레스의 유명한 질료형상설입니다.

이제 다시 수학 이야기로 돌아가 보죠. 이 책의 들어가는 글에서 살펴봤듯이, 그는 우리가 '사과 두 개'와 '돌맹이 두 개'를 보고 각각의 재질이나 색깔 같은 다른 속성은 모두 배제한 채 오로지 '둘'이라는 공통점만 뽑아내는 정신 활동, 즉 '추상'을 통해 수학적 개념을 만들어낸다고 했습니다. 즉, 수학적 대상은 사물들이 가진 '양'이라는 감각적 속성으로부터 나온다는 것이죠. 아리스토텔레스는 이 양에는 분절적인 양과 연속적인 양 두 가지가 있다고 체계적으로 설명을 합니다. 분절적인 양은 사과나 돌맹이 경우처럼 하나, 둘, 셋하고 뚝뚝 끊어서 셀 수 있는 것을 일컫습니다. 우리가 사용하는 자연수는 바로 이 분절적인 양을 가리키는 것이죠. 반면 연속적인 양은 길이, 넓이, 부피처럼 쭉 이어지는 양으로 기하학은 바로 이 연속적인 양을 다루는 학문이라는 겁니다.

그렇다면 플라톤 설명에서 나왔던 '정확성의 문제'를 아리스토텔레스는 어떻게 해결했을까요? 현실에는 완벽한 원이 없는데, 어떻게 기하학이라는 학문이 성립할 수 있었을까요? 아리스토텔레스는 아주 현실적이고 현명한 답을 내놓습니다. 목수가 둥근 테이블을 만들 때를 상상해 보세요. 그 목수는 이데아 세계의 완벽한 원을 보고 만드는 것이 아닙니다. 그저 자신의 머릿속에 있는 '완전한 원'이라는 개념(형상)을 '겨냥하면서' 테이블을 만들 뿐이죠. 비록 결과물인 테이블이 완벽한 원이 아닐지라도, 그가 목표로 삼았던 '완전한 원'이라는 개념은 분명히 가능합니다. 아리스토텔레스는 수학적 대상을 플라톤처럼 다른 세상에 존재하는 완벽한 '실체(현실태)'로 보지 않고, 우리가 현실 속에서 지향하고 겨냥하는 일종의 '개념(정신적 가능태)'으로 보았던 것입니다. 즉, 수학적 대상이란 저 멀리 있는 어떤 물건이 아니라, 우리가 현실을 바탕으로 만들어낸 '추상화된 개념'이라는 의미입니다.

여기서 수학의 무한에 대해서 잠깐 이야기해 볼까요? 철학사에는 과연 무한이라는 것이 실재하기는 하는가 아니면 그저 인간이 상상하는 하나의 허구일 뿐인가 하는 오랜 논점이 있습니다. 그렇다면 과연 아리스토텔레스는 이 무한을 어떻게 설명했을까요? 그의 스승과는 달리 과학적 현실주의를 표방하는 아리스토텔레스의 입장에서는 '무한'에 대해 매우 신중한 입장을 보였습니다. 그는 우리가 사는 이 우주가 유한한 크기를 가진다고 믿었기 때문에, '완성된 형태의 무한(실제무한)'이란 존재할 수 없다고 생각했어요. 다만, 어떤 선분을 계속해서 끝없이 잘라나갈 수 있는 '과정'으로서의 무한, 즉 '잠재적 무한'만을 인정했죠. 이 역시 그의 철학이 얼마나 현실과 경험에 단단히 뿌리를 두고 있는지를 보여주는 대목입니다.

아리스토텔레스의 수학 요점 정리!

• 수학의 위치	우리가 사는 현실 세계의 사물들 속에 '속성'으로 존재하며, 그것을 파악하는 우리 '정신' 속에 있다.
• 수학 공부란?	구체적인 사물들에서 공통된 속성을 뽑아내(추상), 정신적으로 새로운 개념을 '만들어내는' 것이다.
• 수학적 대상	완벽한 실체가 아니라, 우리가 지향하는 '개념' 또는 '가능성'이다.

4. 세기의 대결, 당신의 선택은?

자, 스승과 제자의 불꽃 튀는 수학 배틀, 어떻게 보셨나요? 두 사람의 생각을 간단한 표로 정리해 보면 그 차이가 더욱 분명해집니다.

질문	플라톤 (발견설)	아리스토텔레스 (추상설)
'숫자 3'은 어디에 있나?	저 너머 완벽한 '이데아 세계'에 진짜 '3의 이데아'가 있다.	우리 마음속에 있다. 현실의 사물 3개에서 '3'이라는 개념을 뽑아낸 것이다.
수학은 발견? 발명?	발견이다. 이미 존재하는 진리를 찾아내는 것.	발명(창조)에 가깝다. 현실을 바탕으로 정신이 만들어내는 것.
완벽한 원은 실재하나?	그렇다. 단, 이데아 세계에만. 현실의 원은 그 그림자일 뿐.	아니다. 우리가 생각하고 추구하는 '개념'일 뿐이다.
무한은 실재하나?	(이데아 세계를 통해) 실재할 수 있다.	아니다. 끝없는 '과정(잠재무한)'만 가능할 뿐, 완성된 실체는 없다.

이들의 대결에 최종 승자는 없습니다. 그 이후 플라톤의 아이디어는 수학을 우주의 객관적인 진리라고 믿는 사람들에게 이어졌고, 아리스토텔레스의 아이디어는 수학을 인간 관념이 만든 가장 강력한 도구라고 생각하는 사람들에게 이어졌기 때문입니다.

여러분이 수학 문제를 풀 때, 여러분은 우주에 이미 구축된 숨겨진 비밀을 찾아내는 탐험가(플라톤처럼)인가요, 아니면 현실의 재료로 예술적 논리의 성을 쌓아 올리는 건축가(아리스토텔레스처럼)인가요? 이들의 논쟁은 또 다른 중요한 질문으로 우리를 이끕니다. 아리스토텔레스는 '사람'이나 '동물'처럼 여러 개체를 묶는 보편적인 개념을 통해 수학을 설명하려 했는데요, 과연 '숫자 2'나 '삼각형' 같은 보편적인 개념이 이 세상에 진짜로 '존재'한다고 말할 수 있을까요? 다음 장에서는 이 미스터리한 '보편자 논쟁'의 세계로 더 깊이 들어가 보겠습니다.

철학자 프로필 1

플라톤 (Plato)

별명 : 이데아의 탐험가

"우리가 보는 모든 것은 저 너머 '완벽한 원본'의 그림자일 뿐! 수학은 그 원본의 세계를 엿보는 유일한 창문이야."

- 수학의 위치는? 우리가 사는 현실 너머, 완벽하고 영원한 '이데아의 세계'에 존재해.
- 수학 공부란? 현실의 불완전한 도형들을 단서 삼아, 이성의 눈으로 저 너머 이데아 세계의 완벽한 진리를 '발견'하는 활동이야.
- 핵심 주장 : 우리가 컴퍼스로 그린 원은 완벽하지 않지만, 우리는 '완벽한 원'이 무엇인지 알고 있지. 바로 '이데아의 세계'에 모든 것의 완벽한 원본이 존재하기 때문이야. 수학은 이 이데아 세계의 진리를 탐구하는 신성한 활동이지.

철학자 프로필 2

아리스토텔레스 (Aristotle)

- 별명 : 현실 세계의 관찰자

"저 너머에 뭐가 있는진 모르겠고, 일단 우리 눈에 보이는 것부터 제대로 살펴보자! 수학은 세상의 공통점을 찾아내는 '정리 기술' 이라고!"

- 수학의 위치는? 우리가 사는 현실 세계의 사물들 속에 '속성'으로 존재하며, 그것을 파악하는 것은 우리 '정신'이야.
- 수학 연구란? 구체적인 사물들에서 공통된 속성을 뽑아내(추상), 정신적으로 새로운 개념을 '만들어내는' 활동이지.
- 핵심 주장 연필 두 자루, 고양이 두 마리... 이것들은 전혀 다르지만 '둘'이라는 공통점이 있잖아. 이처럼 수학은 별개의 세계에 있는 것이 아니라, 우리가 현실의 사물들을 관찰하고 그 안에서 '양'과 같은 공통된 성질을 정신적으로 뽑아내는 '추상' 활동의 결과물로 볼 수 있어.

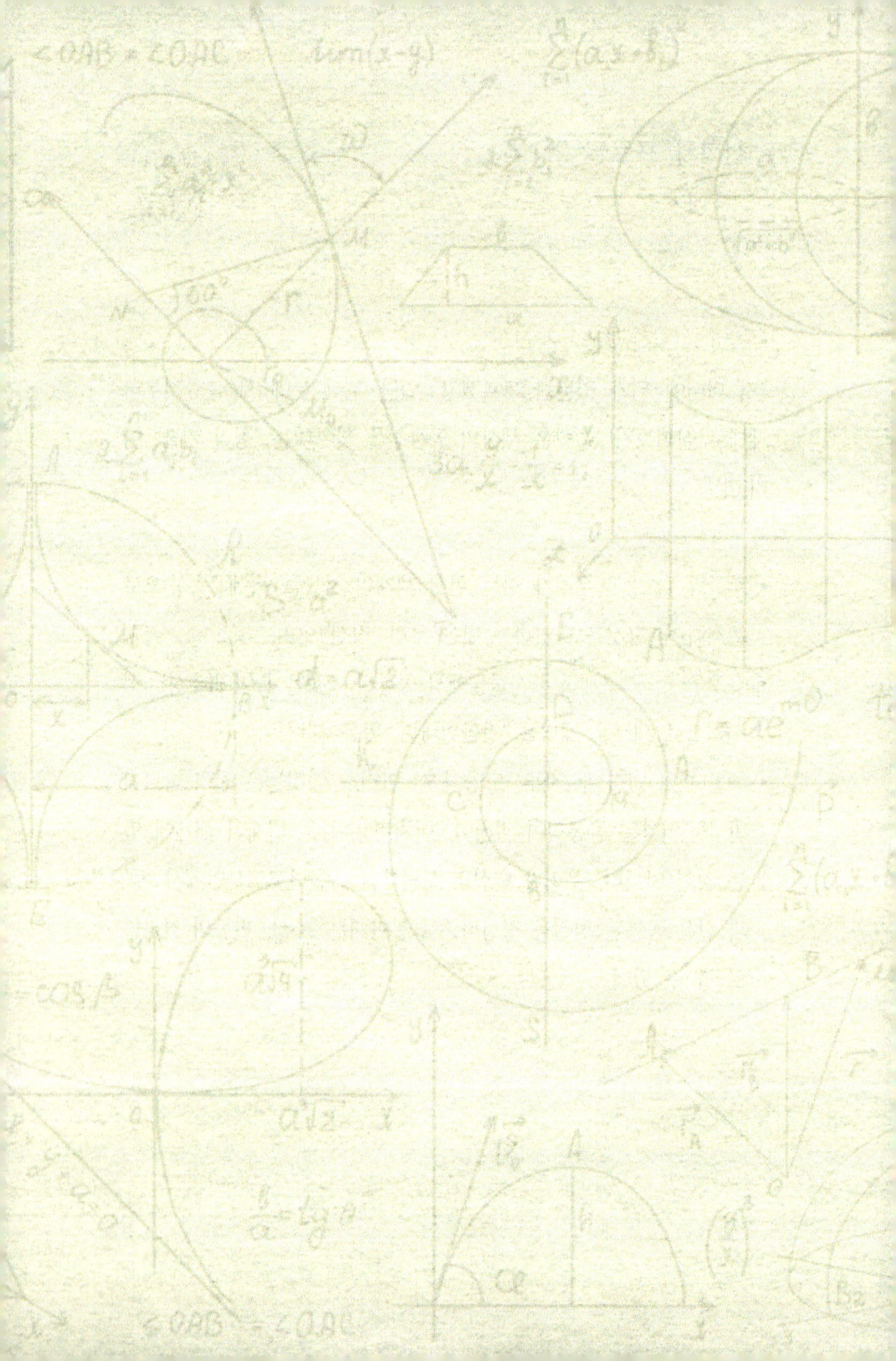

제2장

보편자 논쟁

'숫자 2'는 이 세상에 존재하는 걸까?

아리스토텔레스는 '사람'이나 '동물'처럼 여러 개체를 묶는 보편적인 개념을 통해 수학을 설명하려 했는데요, 과연 '숫자 2'나 '삼각형' 같은 보편적인 개념이 이 세상에 진짜로 '존재'한다고 말할 수 있을까요? 이번 장에서는 이 미스터리한 '보편자 논쟁'의 세계로 더 깊이 들어가 보겠습니다.

1. 게임 속 '전설의 검'은 어디에 있을까?

혹시 여러분이 하는 인터넷 게임 속에서 최강 아이템, '전설의 검'을 떠올려 본 적 있나요? 수많은 사용자가 이 검을 얻으려고 노력하고, 그 검의 능력치와 모양에 관해 이야기합니다. 그런데 문득 궁금해집니다. 이 '전설의 검'은 대체 어디에 있는 걸까요?

1. 다른 차원에 진짜 '전설의 검'이 존재한다 : 게임 개발자가 상상한 완벽한 원본, 즉 '전설의 검 그 자체'가 어딘가에 있고, 우리 컴퓨터에 보이는 건 그 복사본일 뿐이다.

2. '전설의 검'은 그냥 붙인 이름표일 뿐이다 : '전설의 검'이라는 실체는 없다. 그냥 강력한 능력 데이터 덩어리에 사람들이 부르기 편하게 붙인 이름일 뿐이다.

3. '전설의 검'은 내 머릿속 생각일 뿐이다 : '전설의 검'은 게임을 하는 '나'의 머릿속에만 존재하는 멋진 아이디어나 이미지이다.

여러분은 그 정답이 뭐라고 생각하나요? 사실 이 질문은 지난 수천 년간 철학자들이 자연수 '숫자'나 도형의 '정의' 같은 개념을 두고 벌여온 위대한 토론 배틀의 축소판입니다. 눈에 보이지도, 손에 잡히지도 않는 '숫자 3'이나 '완벽한 원'은 대체 어디에 있는 걸까요?

이런 단어들을 철학에서는 '보편자(Universals)'라고 부릅니다. '보편자'란, '철수', '영희' 같은 개별적인 것들(개별자)에 공통적으로 적용될 수 있는 '사람', '학생' 같은 개념을 말해요. '빨간 사과', '빨간 신호등'에 공통적으로 적용되는 특성인 '빨강'도 보편자이고, '사과 두 개', '연필 두 자루'에 공통적으로 들어있는 '둘'이라는 숫자도 아주 중요한 보편자입니다.

  이 거대한 질문을 놓고 세 명의 대표 선수가 한판 붙었습니다. 이들의 치열한 배틀을 구경하면서, 우리가 당연하게 사용하던 수학의 철학적 비밀을 파헤쳐 봅시다!

2. "보편자는 저 너머에!" – 플라톤 탐험대 (실재론)

- 주장 : "우리가 쓰는 숫자, 우리가 말하는 '아름다움'은 진짜 '오리지널'의 그림자일 뿐!

  첫 번째 선수는 1, 2장에서 만났던 고대 그리스의 철학자, 플라톤입니다. 그는 '다른 차원의 탐험가'였죠. 플라톤은 우리가 사는 이 세상이 좀 불안정하고 불완전하다고 생각했어요. 우리가 종이에 그린 원은 완벽한 원이 아니라 살짝 삐뚤어진 '짝퉁' 원이잖아요. 그렇다면 '오리지널'은 어디 있을까요? 플라톤은 저 너머, 우리가 눈으로 볼 수 없는 '이데아(Idea)의 세계'에 모든 것의 완벽한 원본이 존재한다고 주장했습니다. '완벽한 아름다움' 그리고 물론 '완벽한 숫자 3', '완벽한 삼각형'도 그곳에 있다는 거죠!

플라톤의 비유 : 붕어빵 틀과 붕어빵 "이데아는 붕어빵 틀, 현실의 사물들은 그 틀로 찍어낸 붕어빵이야. 붕어빵은 모양이 제각각 조금씩 찌그러져도, 완벽한 모양의 붕어빵 틀은 어딘가에 딱 하나 존재하잖아? 그러니까 수학의 세계가 바로 그 '틀'의 세계지!"

즉, 수학자는 새로운 걸 발명하는 사람이 아니라, 이미 저 너머에 존재하는 완벽한 수학의 세계를 '발견'하는 탐험가 같은 사람이라는 겁니다. 뉴턴이 중력을 발명한 게 아니라 자연에 있는 물리적 법칙을 발견한 것처럼 말이죠. 이런 플라톤식 생각을 철학자들은 '실재론(Realism)'이라고 부릅니다. 보편자란 우리의 생각이나 표현과는 별도로 '실제 존재한다'고 믿기 때문이죠. 이 주장은 알고 보니 굉장히 멋지지 않나요? '2+2=4'라는 사실은 나나 여러분, 우리 모두가 사라져도, 심지어 외계인에게도 똑같이 적용되는 절대적인 진리처럼 느껴지게 하니까요. 이 플라톤 탐험대의 생각은 중세 시대 신학자들에게 이어져, 그들은 '이데아의 세계'를 '신의 마음속'이라고 생각하기도 했습니다.

3. "보편자는 이름표일 뿐!" – 오컴 해결사 군단 (유명론)

- 주장 : "복잡한 건 딱 질색! 가장 단순한 게 정답이야!"

플라톤의 주장이 천년 넘게 이어지던 중세 말, 이 모든 걸 한 방에 뒤집어엎는 강력한 도전자가 나타났습니다. 바로 영국의 철학자, 오컴입니다. 오컴은 '미니멀리스트 해결사'라고 부를 수 있죠. 그는 아주 유명한 자기만의 무기를 들고 나왔는데, 그게 바로 '오컴의 면도날'입니다.

오컴의 면도날 : 생각의 미니멀리즘 "어떤 현상을 설명할 때, 굳이 필요 없는 가정이나 개념은 싹 다 잘라버려! 가장 간단하고 명쾌한 설명이 진리에 가까워."

오컴이 보기엔 플라톤이 말하는 '이데아의 세계'는 바로 이 면도날로 싹둑 잘라버려야 할 군더더기였습니다. "굳이 눈에 보이지도 않는 다른 차원을 상상해야 해? 세상엔 그냥 우리가 보고 만질 수 있는 '개별적인 것들'만 존재해!"라고 외친 거죠. '사람'이라는 보편자는 없습니다. 철수, 영희, 나, 너 같은 개별적인 사람들만 있을 뿐이죠. 마찬가지로 '숫자 3'이라는 보편자도 없습니다. '사과 세 개', '친구 세 명' 같은 구체적인 묶음들만 있을 뿐입니다. 그럼 '사람'이나 '3' 같은 단어는 뭐냐고요? 그건 그냥 비슷한 개체들을 하나로 묶어서 부르기 편하게 붙인 '이름표(label)'나 '해시태그(#)' 같은 겁니다. 우리가 인스타그램에 #먹스타그램이라고 붙인다고 해서, 하늘 위에 '먹스타그램'이라는 실체가 둥둥 떠다니는 건 아니잖아요?

이런 오컴의 생각을 '유명론(Nominalism)'이라고 합니다. 보편자는 오직 '이름'으로만 존재할 뿐이라는 뜻이죠. 이 주장은 아주 파격적이었습니다. 수학을 신의 영역에서 인간의 언어와 생각의 영역으로 끌어내린 셈이니까요. 우리는 수학적 진리를 발견하는 게 아니라, 세상을 효율적으로 설명하기 위해 편리한 언어적 '약속'을 만들어 쓰는 겁니다. 이것도 매우 그럴듯한 설득력이 있지 않나요?

4. "보편자는 우리 머릿속에!" - 데카르트 설계자 연합 (개념론)

- 주장 : "다른 차원도, 이름표도 아니야. 정답은 바로 네 머릿속에 있어!"

자, 이제 마지막 주자입니다. 이들은 앞선 두 팀의 주장을 들으며 고개를 갸웃거렸어요. "흠, 둘 다 뭔가 부족한데... 진짜 보물은 바로 '인간의 생각' 그 자체 아닐까?" 프랑스의 데카르트나 영국의 로크 같은 근대 철학자들이 바로 이 팀의 대표 선수들입니다. 이들은 수학이 우리 머릿속에서 일어나는 정신 활동이라고 생각했습니다. 플라톤처럼 다른 세계에 존재하지도 않고, 오컴처럼 그저 이름뿐인 것도 아니라는 거죠. '빨강'이라는 보편자는 이데아 세계에 있지도, 단순한 이름표도 아닙니다. 빨간 사과, 빨간 자동차를 본 우리의 경험을 바탕으로, 우리 정신이 '아, 이런 걸 빨갛다고 하는구나' 하고 만들어낸 어떤 '생각(concept)'을 가리킨다는 겁니다.

이들의 비유 : 스마트폰과 앱 "우리 뇌는 스마트폰, 수학은 앱이야. 스마트폰(뇌)이라는 하드웨어가 있어야 앱(수학)을 설치하고 실행할 수 있잖아? 어떤 앱을 설치하고 어떻게 사용하느냐에 따라 스마트폰의 기능이 달라지지. 수학도 마찬가지야. 우리 정신이 경험이라는 재료를 가지고 마음속에 창조하고 설계하는 거지!"

이처럼 보편자가 우리 마음속 '개념'으로 존재한다는 생각을 '개념론(Conceptualism)'이라고 합니다. 즉, 수학은 저 너머 세계에서 가져오는 것도, 그냥 이름만 붙이는 놀이도 아닙니다. 인간의 위대한 정신이 경험이라는 재료를 가지고 멋지게 '창조'하고 '구성'해내는 활동이라는 거죠.

5. 그래서, 이 배틀의 승자는 누구?

자, 세 팀의 불꽃 튀는 배틀, 잘 구경했나요? 각 팀의 주장을 다시 한번 정리해 봅시다.

- 플라톤 탐험대 (실재론) 숫자는 우리가 '발견'하는 우주의 진리다!
- 오컴 해결사 군단 (유명론) 숫자는 우리가 '약속'한 편리한 이름표다!
- 데카르트 설계자 연합 (개념론) 숫자는 우리가 마음속에 '창조'하는 생각의 도구다!

놀랍게도, 이 싸움은 아직도 끝나지 않았습니다. 현대 과학과 철학은 오히려 세 팀의 주장이 모두 일리가 있다고 말합니다. 뇌과학자들은 갓 태어난 아기들도 어느 정도 수를 구분하는 능력을 선천적으로 타고난다고 합니다. (플라톤 팀, 어깨가 으쓱해지겠죠?) 하지만 이런 능력이 진짜 수학 실력으로 발전하려면, 반드시 교육을 통해 기호를 배우고 사회적 약속을 익혀야 합니다. (오컴 팀, 이거 봐!) 그리고 이 모든 과정은 결국 우리 인간의 뇌 속에서 일어나는 놀라운 정신 활동이죠. (데카르트 팀, 최종 발언!) 결국 정답은 하나가 아닐지도 모릅니다. 이제 이 책을 읽는 여러분에게 마지막 질문을 던질게요. 여러분이 수학 문제를 풀 때, 여러분은...

우주의 비밀을 파헤치는 탐험가인가요? (플라톤 팀)
규칙을 이용해 게임에 승리하는 전략가인가요? (오컴 팀)
머릿속에 새로운 세계를 짓는 건축가인가요? (데카르트 팀)
정답은 없습니다.
여러분의 생각이 바로 여러분의 멋진 철학이니까요!

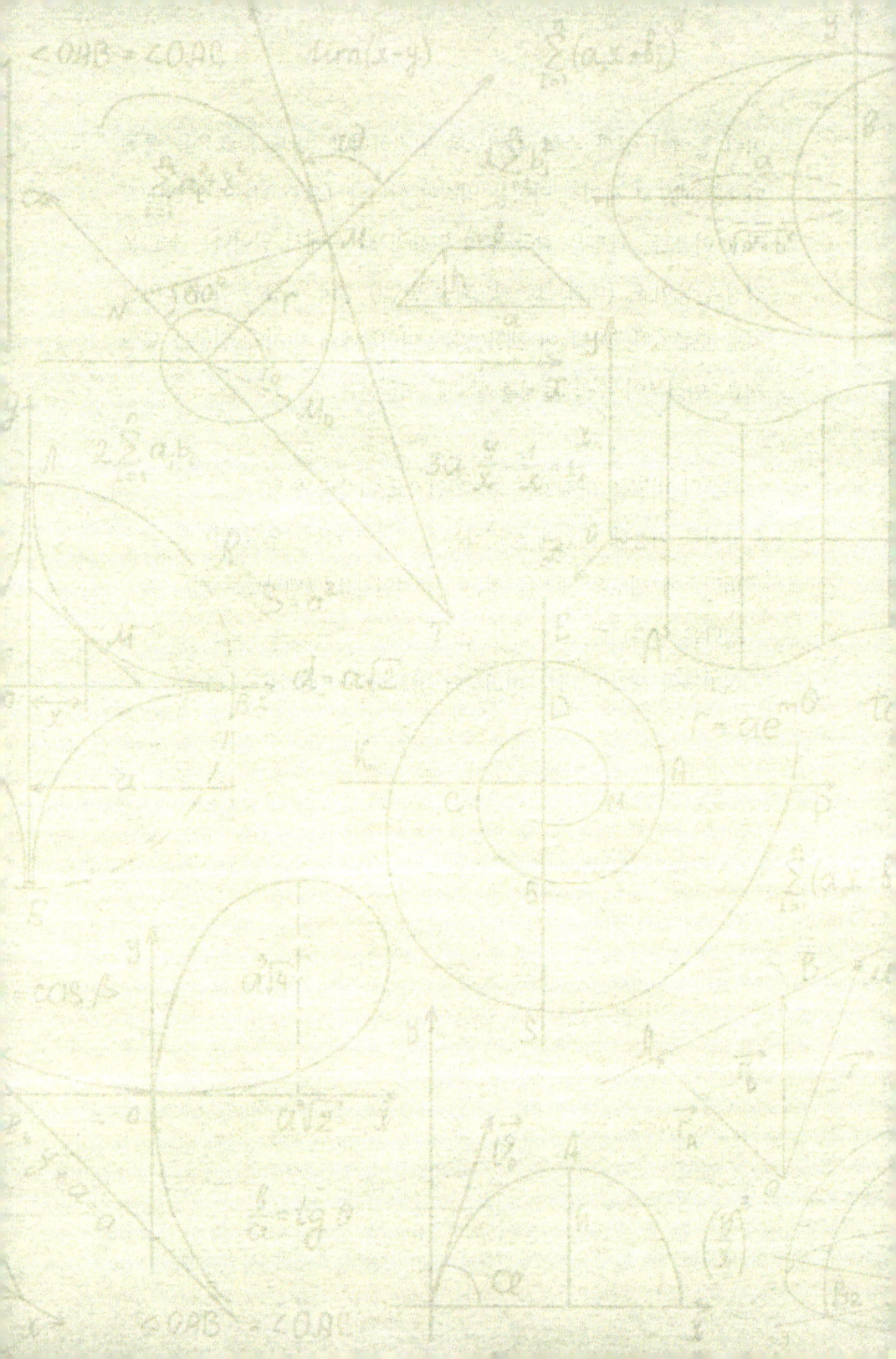

제3장
근대의 합리주의와 경험주의

데카르트 vs 로크

자, 이제 두 철학자의 생각을 한눈에 비교해 볼 시간입니다. 수학이라는 하나의 주제를 놓고 이토록 생각이 다를 수 있다는 것이 놀랍습니다.

1. 수학 지식은 어디에서 왔을까?

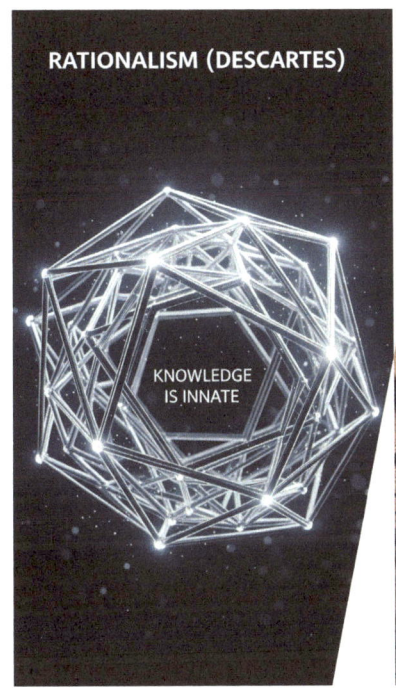

앞에서도 등장했던 다음과 같은 철학적 질문들을 다시 던져보기로 합시다. 우리가 너무나 당연하게 사용하는 숫자 '1', '2', '3'이나 '삼각형', '원' 같은 도형은 대체 어디에서 온 걸까요? "1+1=2"라는 사실은 왜 미국에 가든, 아마존 정글에 가든, 심지어 미래 세계에 가든 변하지 않는 진리처럼 느껴질까요? 아무리 유명한 철학자들의 이야기를 듣고 또 스스로 생각을 해봐도 이런 질문들에 대한 명확한 정답을 얻기는 쉽지가 않아 보입니다. 하지만 근대에 와서 이런 근본적인 질문에 대해 서로 대조적 관점의 대답을 내놓은 두 명의 위대한 철학자가 있어 소개하고자 합니다.

바로 프랑스의 르네 데카르트(René Descartes)와 영국의 존 로크(John Locke)입니다. 이 두 사람은 17세기에 활약하며 서양 철학의 큰 흐름을 만든 거인들이죠. 마치 컴퓨터에 비유하자면, 데카르트는 우리 마음속에 '수학'이라는 프로그램이 이미 설치된 채로 태어난다고 주장했습니다. 반면 로크는 우리가 '경험'이라는 앱 스토어에서 수학 앱을 하나씩 다운로드해야 한다고 생각했죠. 이 글에서는 수학의 본질을 둘러싼 데카르트와 로크의 흥미진진한 생각 대결을 따라가 보려고 합니다. 이들의 여정을 통해 우리가 당연하게 여겼던 수학이 얼마나 깊고 신비로운 세계인지 함께 탐험해 봅시다. 여러분은 과연 데카르트의 생각에 더 끌릴까요, 아니면 로크의 생각에 더 공감하게 될까요?

2. "나는 생각한다, 고로 존재한다."

 이 유명한 말을 남긴 데카르트는 단순히 철학자이기만 한 것이 아니라, 수학의 역사에 엄청난 업적을 남긴 천재 수학자이기도 했습니다. 우리가 지금 배우는 좌표평면(x축, y축)을 만들어 도형의 문제를 방정식으로 풀어내는 '해석기하학'의 문을 연 사람이 바로 데카르트죠. 그는 왜 그토록 수학을 중요하게 생각했을까요? 그의 생각을 따라가 봅시다.

    데카르트는 확실한 지식의 토대를 찾기 위해 아주 독특한 방법을 사용합니다. 바로 '방법적 회의(methodic doubt)', 즉 세상 모든 것을 일단 의심해보는 것이었죠. '내가 지금 보고 있는 이 세상이 사실은 생생한 꿈이라면?' '내가 철석같이 믿고 있는 지식이 사실은 악마가 속삭이는 거짓말이라면?' 이렇게 극단적으로 의심을 이어가다 보니, 감각으로 얻는 정보도, 책에서 읽은 지식도 모두 믿을 수 없게 됩니다. 하지만 이 모든 것을 의심하고 있는 와중에도, 절대로 의심할 수 없는 단 한 가지 사실을 발견합니다. 그것은 바로 "지금 이 순간, 내가 무언가를 의심하고 있다(생각하고 있다)"는 사실 그 자체였습니다. 그리고 생각을 하려면 생각하는 '나'라는 존재가 반드시 있어야만 하죠. 여기에서 바로 "나는 생각한다, 고로 존재한다(Cogito, ergo sum)"는 철학의 제1원리가 탄생합니다.

데카르트에게 이 '생각하는 나'의 발견은, 마치 수학에서 절대로 변하지 않는 공리(axiom)를 찾은 것과 같았습니다. 그는 이 확실한 기반 위에서 지식의 체계를 마치 기하학 문제를 증명하듯 하나하나 논리적으로 쌓아 올릴 수 있다고 믿었던 것입니다.

3. 우리 마음속의 '내장 계산기': 본유관념

그렇다면 수학적 지식은 어디서 오는 걸까요? 데카르트는 그것이 경험에서 온다고 생각하지 않았습니다. 왜냐하면, 우리가 현실 세계에서 보는 것들은 모두 확실하지 않고 불완전하기 때문입니다. 예를 들어, 여러분이 컴퍼스 없이 완벽에 가까운 원을 그릴 수 있나요? 아무리 노력해도 미세하게 삐뚤삐뚤할 겁니다. 우리가 세상에서 보는 모든 원은 사실 불완전한 원입니다. 하지만 우리는 머릿속으로 '완벽한 원'의 개념을 떠올릴 수 있습니다. 모든 점에서 중심까지의 거리가 정확히 같은 이상적인 원 말이죠.

데카르트는 이처럼 경험 세계에는 존재하지 않는 완벽하고 보편적인 수학적, 기하학적 관념들이란 타고난 우리의 이성(reason) 안에 '본유관념(innate ideas)'의 형태로 미리 갖추어져 있다고 주장했습니다. '점', '선', '삼각형' 같은 개념이나 '전체는 부분보다 크다'와 같은 논리적 원리가 마치 컴퓨터의 운영체제처럼 우리 정신에 태어날 때부터 내장되어 있다는 뜻입니다. 따라서 우리가 수학을 배우는 것은, 세상에 없던 새로운 지식을 발명하는 과정이 아니라, 우리 마음속에 이미 존재하는 완벽한 진리를 '발견'해나가는 과정인 셈입니다. 이성을 맑게 갈고닦아 우리 안에 잠자고 있던 수학적 진리를 명확하고 분명하게(clear and distinct) 인식하는 것이죠. 데카르트에게 수학은 신이 우리의 영혼(마음)에 심어준, 이 세계의 질서를 이해할 수 있는 신성한 언어와도 같았습니다. 데카르트의 철학과 수학관은 앞서 이데아 진리 세계를 기억하는 인간의 타고난 능력을 말했던 플라톤의 생각과 통하는 점이 많은 것 같은데 여러분은 어떻게 생각하시나요?

4. 로크:
"수학, 텅 빈 마음을 채우는 경험의 조각들"

로크는 데카르트의 '본유관념' 주장에 정면으로 반박합니다. 만약 삼각형이나 신에 대한 관념이 태어날 때부터 모든 사람의 마음속에 있다면, 왜 갓난아기나 원주민들은 그런 개념을 전혀 모르는 것처럼 보이냐는 것이죠. 대신 로크는 아주 유명한 주장을 펼칩니다. 바로 인간의 마음은 태어날 때 '타불라 라사(tabula rasa)', 즉 '아무것도 쓰여 있지 않은 흰 종이'와 같다는 것입니다. 마치 새로 산 스마트폰의 텅 빈 듯한 화면처럼 말이죠. 그렇다면 이 텅 빈 마음은 어떻게 지식으로 채워질까요? 로크는 그 답이 오직 '경험(experience)'뿐이라고 말합니다. 우리가 보고, 듣고, 만지고, 냄새 맡는 '감각(sensation)'을 통해 세상의 정보를 받아들이고, 또 우리 마음이 스스로의 활동(생각하고, 의심하고, 믿는 등)을 되돌아보는 '반성(reflection)'을 통해 지식이 형성된다는 것입니다.

5. 경험으로 만드는 수학: 추상화의 마법

그렇다면 수학적 지식은 어떻게 만들어질까요? 로크의 설명을 따라가 봅시다.

한 아이가 있습니다. 아이는 엄마가 준 사과 하나를 봅니다. 아빠가 가진 동전 하나를 봅니다. 장난감 블록 하나를 봅니다. '사과', '동전',

'블록'은 모두 다른 사물이지만, 아이의 마음은 이 경험들에서 '하나'라는 공통된 속성을 뽑아냅니다. 이 과정을 '추상화(abstraction)'라고 합니다. 이렇게 '하나'라는 단순 관념이 생기면, 이제 '하나'와 '하나'가 더해지는 경험을 통해 '둘'이라는 관념을 만들고, 점차 더 복잡한 수의 개념과 덧셈, 뺄셈 같은 연산의 개념까지 만들어나갈 수 있습니다. 도형도 마찬가지입니다. 피자 조각, 삼각자, 교통 표지판 등 세상에 존재하는 수많은 세모난 물체들을 경험하면서, 그들의 공통점인 '세 개의 곧은 변으로 둘러싸여 있다'라는 특징을 뽑아내어 '삼각형'이라는 일반적이고 추상적인 관념을 형성하게 됩니다.

로크에게 수학적 진리란 데카르트가 말한 것처럼 하늘에서 뚝 떨어진 신비로운 것이 아닙니다. 우리가 이 세계를 살아가며 얻는 수많은 구체적인 경험의 조각들을 모으고, 분류하고, 종합하는 인간 정신의 놀라운 능력이 만들어낸 결과물인 셈입니다. 수학은 타고나는 것이 아니라, 부지런히 경험하고 사유하며 '만들어가는' 지식인 것입니다. 그렇게 본다면 로크의 경험주의적 수학관은 플라톤보다는 아리스토텔레스의 보편자 설명 방식과 맥락이 많이 닿아있다고 볼 수 있지 않을까요?

6. 위대한 대결: 타고난 천재 vs. 경험의 달인

자, 이제 두 철학자의 생각을 한눈에 비교해 볼 시간입니다. 수학이라는 하나의 주제를 놓고 이토록 생각이 다를 수 있다는 것이 놀랍지 않나요? 이들의 대립은 서양 철학사에서 '합리론(Rationalism)'과 '경험론(Empiricism)'의 대결로 불립니다.

데카르트와 로크의 수학 철학 비교

구분	르네 데카르트 (합리론)	존 로크 (경험론)
마음의 상태	태어날 때부터 수학적 원리(본유관념)를 가진, '내장형 프로그램'을 갖춘 컴퓨터	아무것도 쓰여있지 않은 '백지상태(타불라 라사)'
지식의 원천	내면의 이성(Reason)	외부 세계의 경험(Experience) (감각과 반성)
수학의 본질	이성을 통해 '발견'되는, 절대적이고 보편적인 진리의 세계	구체적 경험들로부터 '만들어진' 일반적이고 추상적인 관념
수학을 아는 법	내면의 이성을 통해 직관하고 논리적으로 연역(deduction)함	외부 세계를 관찰하고 공통점을 뽑아내는 귀납(induction)과 추상화
핵심 비유	계산기가 내장된 컴퓨터	앱 스토어에서 앱을 다운받아야 하는 스마트폰

데카르트에게 수학은 모든 학문의 모범이었습니다. 세상 모든 지식이 수학처럼 명확하고 확실한 토대 위에서 논리적으로 세워져야 한다고 믿었죠. 그의 세계에서는 이성이 왕입니다. 반면 로크에게 수학은 지식의 여러 종류 중 하나일 뿐입니다. 세계에 대한 지식을 얻으려면, 이성의 공상에만 머물 것이 아니라 직접 세상을 관찰하고 실험하는 과학적 태도가 더 중요하다고 생각했습니다. 그의 세계에서는 경험이 왕입니다.

7. 그래서, 누구의 말이 맞을까요?

데카르트와 로크, 한 명은 우리 마음속에서, 다른 한 명은 세상 속에서 수학의 기원을 찾으려 했습니다. 그렇다면 현대의 우리는 누구의 손을 들어주어야 할까요? 흥미롭게도 오늘날의 뇌과학이나 인지과학 연구는 이 위대한 논쟁이 "둘 다 일리가 있다"고 말해주는 듯합니다. 연구에 따르면, 인간의 뇌는 태어날 때부터 수량을 어림짐작하거나 공간을 인식하는 등 기본적인 능력, 즉 데카르트가 말한 '본유관념'과 비슷한 소질을 어느 정도 가지고 있다고 합니다. 하지만 이런 기초적인 소질이 복잡하고 추상적인 수학 능력으로 발전하기 위해서는, 반드시 로크가 강조했던 '경험'과 '학습'의 과정이 필요합니다. 수를 세고, 문제를 풀고, 다양한 도형을 접하는 경험이 없다면 우리 뇌의 수학적 잠재력은 결코 꽃을 피울 수 없겠죠. 결국, 수학의 비밀은 '타고난 능력'과 '후천적 경험'이라는 두 개의 열쇠가 모두 있어야만 열 수 있는 문과 같지 않을까요?

철학자 프로필 3

르네 데카르트 (René Descartes)

- **별명** : 의심하는 합리주의자

"나는 생각한다, 고로 존재한다. 이 확실한 생각의 힘으로, 우리 마음속에 이미 내장된 수학이라는 완벽한 건물을 지을 수 있지."

- **지식의 원천은?** 외부의 불완전한 경험이 아닌, 우리 내면의 '이성(Reason)'.
- **수학의 본질은?** 우리 정신에 태어날 때부터 내장되어 있는 '본유관념(Innate Ideas)'. '점', '선'과 같은 완벽한 수학적 개념은 경험 세계가 아닌 우리 이성 안에 이미 갖추어져 있어.
- **핵심 주장** 세상 모든 것을 의심하더라도, '의심하고 있는 나'의 존재는 의심할 수 없지. 이것이 모든 지식의 가장 확실한 출발점이지. 수학은 이 출발점 위에서, 우리 마음속에 이미 존재하는 완벽한 진리를 논리적으로 '발견'해나가는 과정이야.

철학자 프로필 4

존 로크 (John Locke)

- 별명 : 경험주의의 설계자

"태어날 때 우리 마음은 텅 빈 백지상태! 모든 지식은 경험이라는 잉크로 채워나가는 거야. 수학도 예외는 아니지."

- **마음의 상태는?** 태어날 때 인간의 마음은 '타불라 라사(tabula rasa)', 즉 '아무것도 쓰여 있지 않은 흰 종이'와 같아. 데카르트가 주장한 '본유관념'은 존재하지 않아.
- **지식의 원천은?** 오직 '경험(experience)'뿐이야. 외부 세계를 향한 '감각(sensation)'과 우리 마음의 활동을 되돌아보는 '반성(reflection)'을 통해 지식이 채워지는 거야.
- **수학을 아는 법** : 아이가 사과 '하나', 동전 '하나'를 보는 경험을 통해 '하나'라는 공통 속성을 뽑아내는 '추상화(abstraction)' 과정을 거쳐 수 개념을 만드는 거지. 수학은 타고나는 것이 아니라, 경험을 통해 '만들어가는' 지식이야.

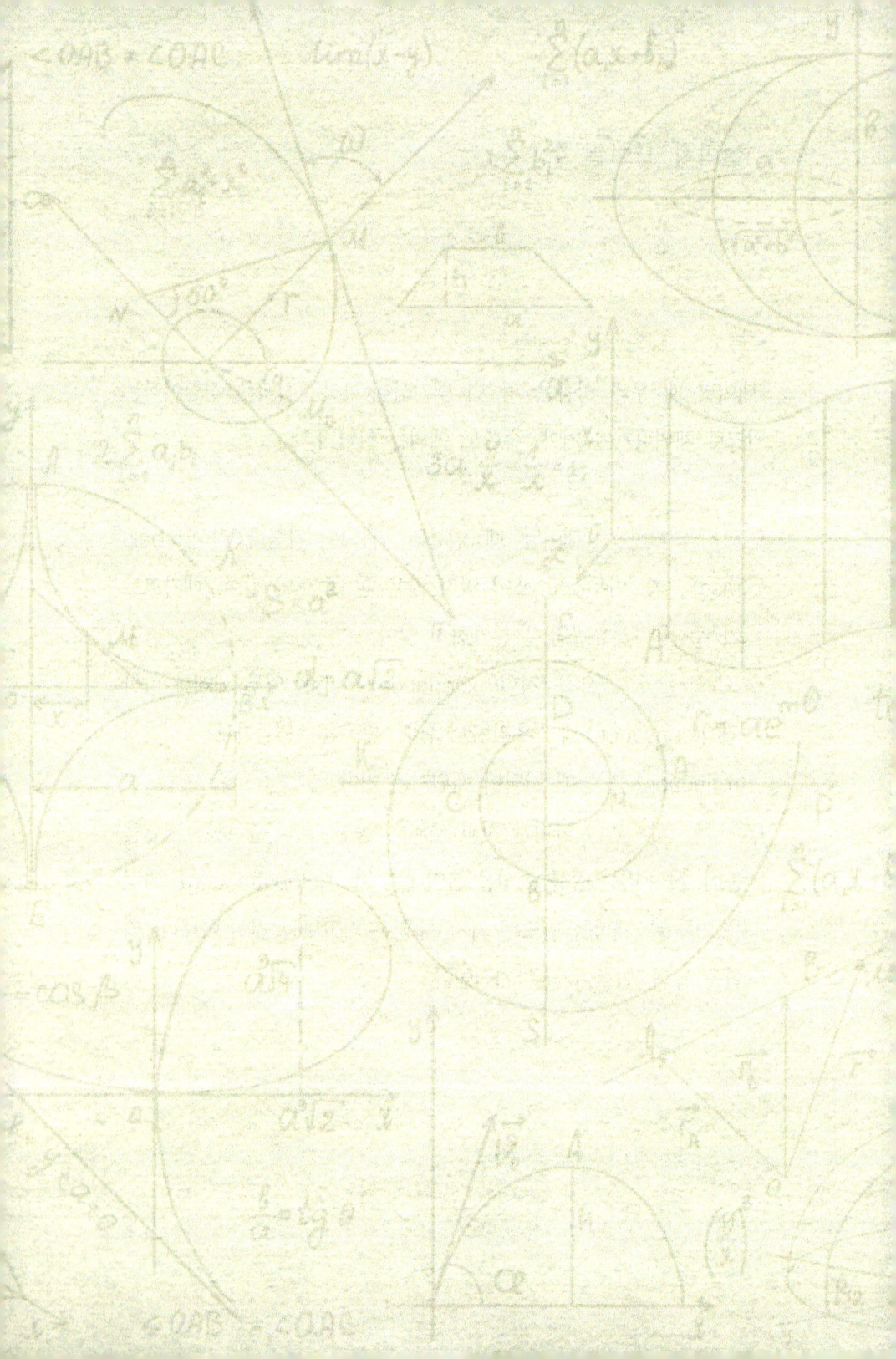

제4장

수학은 과연 어떤 지식일까?

흄 vs 칸트

세 철학자의 생각은 우리가 배우는 지식이 어디에서 오는지, 그리고 그 지식의 특징은 무엇인지 깊이 있게 생각해봐요.

1. 잠자던 철학의 거인을 깨운 한마디

18세기 독일, 인류 역사상 가장 위대한 철학자 중 한 명인 임마누엘 칸트(Immanuel Kant)는 조용히 자신의 철학을 연구하고 있었습니다. 그런데 어느 날, 스코틀랜드의 한 철학자가 던진 도발적인 주장이 칸트의 귀에 들려 왔습니다. 그의 이름은 데이비드 흄(David Hume). 흄의 주장은 너무나 충격적이어서, 칸트는 훗날 "흄이 나의 독단의 잠을 깨웠다"고 고백할 정도였죠. 그들을 깨운 질문은 바로 이것이었습니다. "7+5=12"라는 수학적 지식은 대체 어떤 종류의 지식일까? 이것은 왜 항상 참이라는 확신을 할 수 있는 걸까? 2,000여 년 전 플라톤과 아리스토텔레스가 던졌던 질문이, 이제 근대 철학의 두 거인에 의해 완전히 새로운 차원의 논쟁으로 발전하게 됩니다.

2. 흄의 지식 정리법
세상의 모든 지식은 두 종류뿐이다!

회의론자였던 흄은 세상의 지식들을 아주 깔끔하게 두 종류로 정리했습니다. 마치 서류 캐비닛에 두 개의 서랍만 있는 것처럼 말이죠. 이 유명한 구분을 두 갈래가 있는 '흄의 포크(Hume's Fork)'라고 부릅니다.

먼저 첫 번째 서랍을 열어보죠. 개념들의 관계 (Relations of Ideas)를 담아두는 이 서랍에는 바깥 세상사를 경험해 보지 않아도, 오직 생각만으로 참인지 거짓인지 알 수 있는 지식들이 들어 있습니다.

이를테면 "삼각형의 세 각의 합은 180도다." 라는 수학 지식은 각도기를 써서 세상의 모든 삼각형 모양들을 측정을 해서 알아낼 수 있는 지식일까요? 그렇지 않고 생각을 통해 수학적, 논리적 증명으로 이런 결과가 확실하다는 것을 알아낼 수 있겠죠? 따라서 이 수학적 지식은 이 서랍에 들어있는 것이 맞을 겁니다. 그렇다면 이런 지식은 어떤 특징을 가지고 있을까요?

1)확실하다	직관적으로나 증명을 통해 100% 확실합니다.
2)필연적이다	그것은 논리적 도출이 가능하며 그 결과를 부정하면 논리적인 모순이 생깁니다.
3)세상과 무관하다	이 세상에 완전한 삼각형이 하나도 존재하지 않더라도 "삼각형의 내각의 합은 180도" 라는 진리는 변하지 않습니다.

흄은 기하학, 대수학, 산수 등 모든 수학이 바로 이 첫 번째 서랍에 속한다고 생각했습니다. 수학은 확실하지만, 그저 우리가 이미 정해놓은 개념들(공리, 정의) 사이의 관계를 보여줄 뿐, 바깥세상에 대한 새로운 사실을 알려주는 것은 아니라고 본 것이죠.

그다음 이제 두 번째 서랍을 열어보도록 합시다. 여기에는 사실에 관한 것들(Matters of Fact)이 담겨 있습니다. 즉 이 서랍에는 직접 경험을 통해서만 알 수 있는 지식만 들어있는 셈이죠. 이를테면, "서울은 대한민국의 수도다" 같은 지식은 생각만으로 도출이 되는 지식이 아니라 우리가 직간접적으로 세상 경험을 통해 알게 되는 지식입니다. 이런 지식은 다음과 같은 특징을 가지고 있습니다.

1) 확실하지 않다	언제나 틀릴 가능성이 있습니다. 예를 들어 '모든 까마귀는 검다'라는 말도 어느 날 돌연변이로 흰 까마귀가 태어나기 시작하면 그 지식은 틀린 지식이 되겠죠.
2) 우연적이다	그것을 부정한다고 해도 논리적인 모순이 생기지 않습니다. 예를 들어, "내일은 해가 뜨지 않을 것이다"라는 말은 상상할 수 있으며, 논리적으로도 이상하지 않죠.
3) 세상에 의존한다	"저 나무는 초록색이다"라는 말은 실제 세상에 그 나무가 존재해야만 의미가 있지 않을까요?

물리학, 천문학 등 대부분의 과학 지식이 여기에 속합니다. 흄은 이 두 서랍에 들어가지 않는 애매한 지식, 특히 신이나 영혼을 다루

는 형이상학에 대해서는 "궤변과 환상에 불과하니 불 속에 던져버려라."고 말할 정도로 아주 비판적이었습니다. 바로 이 과격한 주장이 칸트를 잠에서 깨운 것이죠. 그리고 이런 관점은 나중 20세기의 논리실증주의 (logical positivism)의 입장과도 통하는 듯합니다. 논리실증주의자들은 오직 논리적/수학적으로 분석 가능한 문장(analytic)이나 그리고 경험적으로 검증 가능한 문장(synthetic, empirically verifiable)만이 의미 있다고 본 때문입니다. 즉, 흄의 "두 갈래 포크"는 18세기적 표현이고, 논리실증주의의 "의미의 검증원리"는 20세기적 표현이지만, 비 경험적이며 분석적으로도 확인할 수 없는 형이상학은 무의미하다는 핵심 사상에서는 매우 유사하다고 볼 수 있습니다.

3. 칸트의 반격: 제3의 길이 있다!

칸트는 형이상학을 불태우라고 했던 흄의 주장에 큰 충격을 받았지만, 그의 생각을 무작정 비판하지만은 않았습니다. 그는 수학이 경험에서 비롯된 것이 아니라는 점, 즉 '선험적(a priori)'이라는 흄의 의견에는 동의했어요. 하지만 칸트는 수학이 단지 개념들의 관계 놀이에 불과하다는 점에는 결코 동의할 수 없었습니다. 그는 흄이 놓친 '제3의 길'이 있다고 생각했죠. 그게 과연 무엇이었을까요?

칸트는 흄의 구분에 더해, 지식을 판단하는 방식을 '분석 판단'과 '종합 판단'이라는 새로운 기준으로 나누었습니다.

1) 분석 판단 (Analytic Judgment) 주어의 개념 안에 이미 술어의 내용이 포함된 판단입니다. 마치 주어의 개념 가방을 열어서 그 안에 담긴 서술 내용을 확인하는 것과 같아서 '설명적 판단'이라고도 불렀죠.

예 : "모든 총각은 결혼하지 않은 남자다." '총각'이라는 주어의 가방을 열어보면 '결혼하지 않은 사람'과 '남자'라는 술어의 내용물

이 이미 들어있습니다. 새로운 정보가 추가되지는 않죠.

2) 종합 판단 (Synthetic Judgment) 주어 개념 바깥에 있는 새로운 지식의 술어와 결합이 되는 판단입니다. 가방에 새로운 물건을 추가하는 것과 같아서 '확장적 판단'이라고 불렀어요.
 예 : "이 사과는 달다." '이 사과'라는 주어의 개념만 분석해서는 '달다'는 정보를 알 수 없습니다. 직접 먹어보는 경험을 통해 새로운 정보가 추가(종합)된 것이죠. 모든 경험적 지식은 종합 판단입니다.

 그렇다면 흄이 말한 선험적 지식은 칸트의 분석 판단이고, 흄의 경험적 지식은 곧 칸트의 종합 판단이 아닌가 하는 생각이 들 수 있겠죠. 즉, 용어만 바뀌었을 뿐 흄의 이론을 베낀 것 아닌가 생각이 들 수도 있을 겁니다. 하지만 칸트는 수학을 선험적 지식이긴 하지만 분석 판단으로 볼 수는 없다고 보았어요. 이게 무슨 말일까요? 자, 이제부터 흄에 대한 칸트의 대반격을 알아봅시다.

4. "7+5=12"에 숨겨진 비밀

 칸트는 수학적 판단이 분석 판단이 아니라, 놀랍게도 '종합 판단'이라고 선언했습니다!. 당시로서는 모두의 예상을 뒤엎는 혁명적인 주장이었죠. 그는 "7+5=12"라는 간단한 산수 명제를 예로 들었습니다. "여러분, '7', '5'라는 숫자와 숫자들의 합 개념 가방을 아무리 뒤져보세요. 그 안에 둘을 합했을 때의 '12'라는 물건이 들어있나요?" 칸트의 대답은 "아니다!"였습니다. '7'이라는 개념과 '5'라는 개념, 그리고 '더한다'라는 개념만으로는 '12'라는 결과가 자동으로 나오지 않는다는 겁니다.

그렇다면 우리는 어떻게 12라는 답을 알게 될까요? 칸트는 여기에 '직관(intuition)'이라는 우리 마음의 특별한 선천적 능력이 개입한다고 보았습니다. 우리는 머릿속으로 손가락 다섯 개나 점 다섯 개를 떠올리고, 그것을 7이라는 수에 하나씩, 하나씩 더해가는 정신적 활동을 합니다. 바로 이 구성적인 활동을 통해, '7+5'라는 개념에 없던 '12'라는 새로운 지식이 만들어지고 확장된다는 것이죠. 참으로 놀라운 발상이 아닐 수 없습니다.

그래서 수학적 지식은, 경험 없이 마음속에서 이루어지므로 선험적(a priori)이지만, 단순한 언어적 분석을 넘어 새로운 지식을 만들어내므로 종합적(synthetic)이라는 겁니다. 칸트는 수학 지식의 이런 독특한 성격을 '선험적 종합 판단(synthetic a priori judgment)'이라고 이름 붙였습니다. 이것은 '직선은 두 점 사이의 최단거리다'라는 기하학 명제에도 똑같이 적용됩니다. '곧다'는 질적인 개념만 분석해서는 '가장 짧다'는 양적인 개념이 따라 나올 수는 없겠죠. 여기에도 공간에 대한 우리의 직관적 판단이 반드시 필요하다는 겁니다. 결국 칸트는 모든 지식을 (선험적) 분석 판단, 선험적 종합 판단, (경험적) 종합 판단 등 세 종류로 분류한 셈입니다. 이런 어려운 분류법에 대해 아래에 소개하는 것처럼 유명 철학자들의 비판적 사유도 많았답니다.

5. 칸트의 지식 분류법에 대한 비판

① 밀 : "모든 지식은 경험에서부터!"

밀이라는 철학자는 선험적 지식조차 인정하지 않으며 우리가 아는 모든 것이 경험을 통해 얻어진다고 생각했어요. 심지어 수학도 예외는 아니라고 주장했죠. 우리가 '2 더하기 2는 4'라는 걸 아는 건, 실제로 2개와 2개를 합쳐보니 4개가 되는 것을 여러 번 경험했기 때문이라는 거예요.

밀은 우리가 너무나 당연하게 여기는 유클리드 기하학의 '직선은 무한히 연장될 수 있다'와 같은 공리(누구나 옳다고 인정하는 기본적인 규칙)조차도, 실제 직선을 그려보고 생각해 보면서 얻은 경험적인 지식이라고 봤어요. 즉, 우리가 알고 있는 모든 지식은 결국 보고, 듣고, 만지고, 느껴본 경험이 쌓여서 만들어진다는 거죠.

② 라이프니츠 : "수학은 머릿속 논리에서 나오는 거야!"

반대로 라이프니츠라는 철학자는 수학이 경험과 상관없이 머릿속에서 논리적으로 알아낼 수 있는 지식이라고 주장했어요. 밀과 달리 그는 '2 더하기 2는 4' 같은 산수 명제는 우리가 '1'이라는 개념과 '더하기 1'이라는 개념만 가지고도 논리적으로 풀어낼 수 있는 지식이라고 봤죠. 그렇다면 칸트의 분류법을 봤을 때 라이프니츠였다면 수학을 직관이나 경험이 필요한 '종합 판단' 대신 개념들에 관한 '분석 판단'이라고 했을 것 같지 않나요?

③ 러셀 : "수학도 경우에 따라 달라!"

러셀이라는 철학자는 밀과 라이프니츠의 의견을 절충한 것처럼 보여요. 그는 수학을 두 가지 종류로 나누어 설명했어요. 순수 기하학은 마치 라이프니츠의 생각과 비슷하게, 현실 세계의 경험과 상관없이 공리와 논리적인 규칙만으로 이루어진 수학이에요. 예를 들어, '세모는 세 변으로 이루어진 도형이다'와 같이 순수하게 개념적인 정의와 논리적인 관계만을 다루는 거죠. 하지만 물리학에 들어가는 수학이나 응용 기하학 같은 것은 현실 세계에 적용되는 수학입니다.

러셀은 이렇게 현실에 적용되는 수학은 경험적인 지식으로 보았어요. 실제 사물을 관찰하는 경험이 바탕이 되어야 한다는 거죠.

이 세 철학자의 생각은 우리가 배우는 지식이 어디에서 오는지, 그리고 그 지식의 특징은 무엇인지 깊이 있게 생각해 볼 기회를 줘요. 여러분은 어떤 철학자의 생각에 가장 동의하나요?

6. 수학, 마음이 만든 창조물

흄과 칸트의 지식 분류법에 관한 주장은 수학을 바라보는 우리의 시각을 완전히 바꾸어 놓았습니다. 수학에 관하여 다시 정리해 보자면, 흄에게 수학이란, 확실하지만 내용은 텅 빈, 논리적인 '개념 관계'였습니다. 칸트에게 수학이란, 확실하면서도 새로운 지식을 창조하는, 인간의 선천적인 직관 능력에 바탕을 둔 위대한 '정신적 구성물'이었습니다. 칸트의 이러한 생각은 이후 수학의 본질이 '발견'이 아니라 '발명' 또는 '구성'이라는 관점으로 이어지며, '직관주의'라는 거대한 수학 철학의 흐름을 만들어냈습니다. 그의 철학 덕분에, 수학은 더는 신의 언어나 절대 진리의 발견이 아니라, 인간 이성의 구조와 능력을 탐구하는 가장 중요한 단서가 되었습니다.

참 칸트는 흄이 불태워버리라고 한 형이상학을 과연 어떤 지식으로 본 걸까요? 칸트는 형이상학도 수학처럼 선험적 지식이면서도 타고난 직관이 동원되어야 하는 '선험적 종합 판단'으로 분류했답니다. 칸트는 이 분류법을 통해 마침내 흄이 버린 형이상학을 궤변이 아닌 정상적 지식으로 살려내려고 한 것이죠. 앞서 흄이 지식에 관한 두 갈래 포크 이론을 제기했다면, 칸트는 사실상 '세 갈래 포크' 이론을 창안했던 것입니다. 여러분은 이 두 위대한 철학자들의 지식 분류법에 대해 누구의 안이 더 마음에 드시나요?

철학자 프로필 5

데이비드 흄 (David Hume)

- 별명 : 회의주의의 끝판왕

"세상의 모든 지식은 이 두 서랍 안에만 존재해. 나머지는? 그냥 불태워버려! 수학은 확실하지만, 세상에 대한 새로운 사실은 알려주지 않는 개념 놀이일 뿐이야."

- 지식의 종류는? 오직 두 가지뿐! '개념들의 관계(Relations of Ideas)'와 '사실에 관한 문제(Matters of Fact)'. 이 유명한 구분을 '흄의 포크(Hume's Fork)'라고 부르지.
- 수학의 정체는? '개념들의 관계'에 속하는 지식. "삼각형의 내각의 합은 180도"처럼 100% 확실하지만, 그것은 우리가 그렇게 정의했기 때문이지, 세상에 대한 새로운 정보를 주지는 않아.
- 핵심 주장 우리가 '원인과 결과'라고 믿는 것은 사실 반복되는 경험으로 인한 '습관적인 믿음'에 불과해. 경험으로 증명할 수 없는 모든 것, 특히 형이상학적인 주장은 궤변과 환상이니 불태워버려야 해.

철학자 프로필 6

임마누엘 칸트 (Immanuel Kant)

- **별명** : 독단의 잠에서 깨어난 거인

"경험만으로도, 이성만으로도 부족해! 수학은 우리 마음속에 이미 내장된 '형식'이라는 틀에 '경험'이라는 재료를 부어 만드는 새로운 창조물이야."

- **지식의 새로운 길** 흄이 세상의 모든 지식을 '개념 관계'와 '사실 문제'로 나눈 것에 만족하지 않아. 흄이 놓친 '제3의 길'이 있기 때문이지.

- **수학 지식의 정체** 수학은 경험 없이도 알 수 있기에 선험적(a priori)인 건 맞지만, 주어에 없는 새로운 지식을 더해주므로 종합적(synthetic)이라고 말해야 해. 이 특별한 지위를 '선험적 종합 판단'이라고 이름 붙이자구.

- **핵심 주장** "7+5=12"라는 지식은 '7+5'라는 개념들만 분석해서는 나오지 않아. 우리는 머릿속의 '직관'이라는 능력을 사용해 7에 5를 더하는 정신적 활동을 통해 '12'라는 새로운 지식을 '만들어' 내는 거지. 수학은 단순한 개념 놀이가 아니라, 새로운 지식을 창조하는 인간 정신의 위대한 구성 활동이지.

제5장

수학 혁명의 구조

토머스 쿤 vs 가스통 바슐라르

이번 장에서는 수학의 세계를 뒤흔든 혁명적 사건들을 통해, 과연 수학 지식의 변화가 '천지개벽'에 가까운지, 아니면 '증축'에 가까운지 함께 살펴보도록 하겠습니다.

1. 계단 오르기 vs. 천지개벽, 그리고 증축

여러분은 과학, 수학 등의 지식이 어떻게 발전한다고 생각하나요? 아마도 많은 사람이 지식이 차곡차곡 쌓이는 모습을 상상할 겁니다. 마치 새로운 벽돌을 하나씩 더 얹어 거대한 건물을 짓거나, 계단을 한 칸씩 밟고 더 높은 곳으로 올라가는 것처럼 말이죠. 어제의 발견 위에 오늘의 발견을 쌓아 올리고, 그렇게 꾸준히 진리에 다가가는 이미지. 오랫동안 사람들은 지식의 발전이 그렇게 진행된다고 믿었습니다.

하지만 모든 철학자가 여기에 동의하지는 않았어요. 20세기 철학자들은 과학의 역사가 그렇게 평화롭고 순탄하지만은 않다고 주장했습니다. 그중 한 명인 유명한 과학철학자 토머스 쿤은 지식의 발전이 때로는 모든 것을 뒤엎는 거대한 '혁명'의 형태로 일어난다고 보았습니다. 평화로운 시대가 지속되다가 기존의 상식으로는 도저히 설명할 수 없는 문제들이 나타나면, 마침내 세상을 바라보는 틀 자체가 송두리째 바뀌는 '천지개벽' 같은 것이 일어난다는 것이죠. 마치 낡은 집을 완전히 허물고 그 자리에 전혀 다른 새집을 짓는 것처럼, 옛 이론과 새 이론은 서로 공존하기 어렵다고 생각했습니다.

반면 프랑스의 철학자 가스통 바슐라르는 이와는 조금 다른 관점을 제시했습니다. 그 역시 과학이 '인식론적 단절'이라는 거대한 도약을 통해 발전한다고 보았지만, 하지만 그는 이 단절이 과거를 완전히 버리는 것은 아니라고 강조했습니다. 바슐라르의 생각은 마치 낡은 집을 허무는 대신, 그 집을 일부로 삼아 더 크고 멋진 집으로 '증축'하는 것과 같습니다. 그렇게 되면 과거의 이론이란 지금의 새로운 이론 안에서 '특별한 경우'로 살아남아 새로운 의미를 지니게 된다는 것이죠.

수학의 역사에도 이런 거대한 지각변동이 여러 차례 있었습니다. 이번 장에서는 수학의 세계를 뒤흔든 혁명적 사건들을 통해, 과연 수학 지식의 변화가 '천지개벽'에 가까운지, 아니면 '증축'에 가까운지 함께 살펴보도록 하겠습니다.

2. 혁명 1 : "또 다른 기하학이 있다고?"

약 2,000년 동안 인류에게 기하학은 단 하나뿐이었습니다. 바로 고대 그리스의 수학자 유클리드가 정리한 '유클리드 기하학'이었죠. "평행한 두 직선은 영원히 만나지 않는다", "삼각형 내각의 합은 180도다"와 같은 법칙들은 의심할 여지가 없는 절대적인 진리로 여겨졌습니다. 하지만 19세기에 이르러 수학자들은 "만약 평행한 두 직선이 만날 수도 있다면?", "삼각형 내각의 합이 180도가 아니라면?" 같은 상상력을 발휘하기 시작했습니다. 그리고 마침내 유클리드의 생각과는 전혀 다른 규칙(공리)으로 이루어진 새로운 기하학, 즉 '비유클리드 기하학'이 탄생했습니다.

처음에 사람들은 이것을 그저 논리적인 게임이라 생각했지만, 아인슈타인이 '일반상대성 이론'에서 거대한 중력이 시공간을 휘게 만든다는 것을 설명하기 위해 바로 이 비유클리드 기하학을 사용하면서 모든 것이 바뀌었죠. 이 사건은 엄청난 충격이었습니다. 절대적 진리라고 믿었던 것이 사실 여러 가능한 기하학 중 하나에 불과했다는 사실이 밝혀진 것이죠. 그렇다면 이 혁명은 유클리드라는 낡은 진리를 파괴하고 새로운 진리를 세운 '천지개벽'이었을까요?

여기서 바슐라르의 관점이 빛을 발합니다. 그는 이런 변화를 과거와의 완전한 단절로 보지 않았습니다. 오히려 비유클리드 기하학이라는 더 넓고 일반적인 이론이 등장하면서, 기존의 유클리드 기하학은 '곡률이 0인 특별한 경우'로 새롭게 정의되었다고 설명합니다. 즉, 유클리드 기하학은 틀린 것이 아니라, 더 거대한 기하학의 세계 안에서 특별한 위치를 차지하는 이론으로 '증축'된 셈입니다. 이는 과학사에서 지구가 돈다는 코페르니쿠스의 지동설이, 지구가 중심이라는 프톨레마이오스의 천동설과 도저히 함께할 수 없었던 것과는 다른 모습입니다. 수학의 혁신이 언제나 과거와의 완전한 대립을 의미하지는 않는다는 것을 보여주는 흥미로운 사례이죠.

3. 혁명 2 : "무한의 낙원에 역설이?"
－ 집합론의 위기

두 번째 혁명은 '무한'의 세계에서 일어났습니다. 19세기 말, 수학자 게오르크 칸토어는 '집합론'이라는 새로운 이론을 통해 무한에도 서로 다른 크기가 있다는 놀라운 사실을 증명을 통해 보여주며, 수학자들을 '무한의 낙원'으로 이끄는 듯 보였습니다. 하지만 그 낙원에는 치명적인 함정이 숨어있었습니다. 칸토어를 포함한 당시 수학자들은 칸토어의 집합론을 연구하다가 도저히 풀 수 없는 '역설(paradox)'들을 발견했기 때문입니다. 그중 가장 유명한 것이 철학자 버트런드 러셀이 발견한 '러셀의 역설'입니다. 이 역설들의 등장은 수학계에 큰 파장을 불러일으켰습니다. 수학이라는 학문의 가장 기초적인 토대에서 모순이 발견되었으니, 그 위에 세워진 모든 수학 이론의 확실성마저 흔들리게 된 것입니다. 이 위기는 나중 자세히 살펴볼 '형식주의'와 '직관주의' 같은 새로운 수학 철학이 등장하게 되는 계기가 되었습니다.

4. 혁명 3 : "증명할 수 없는 진실이 있다!"
- 괴델의 불완전성 정리

세 번째 혁명은 수학적 명제의 '완전성'에 대한 믿음을 깨뜨린 사건입니다. 20세기 초, 위대한 수학자 다비트 힐베르트는 수학을 모순이 없는 완벽하고 완전한 하나의 형식 체계로 만들려는 거대한 계획을 세웠습니다. 그의 '형식주의' 프로그램은 수학에 존재하는 모든 참인 명제는 그 체계 안에서 반드시 증명될 수 있어야 한다는 믿음에 바탕을 두고 있었죠.

하지만 1931년, 오스트리아의 젊은 논리학자 쿠르트 괴델이 이 위대한 꿈을 산산조각내고 말았습니다. 바로 '불완전성 정리'를 통해, "아무리 잘 만들어진 수학적 형식 체계라 하더라도, 그 안에는 '참이지만 증명은 불가능한' 명제가 반드시 존재한다"라는 것을 논리적으로 증명해버렸습니다. 이것은 수학의 역사상 가장 충격적인 발견 중 하나였습니다. 수학이 그 안의 모든 진리에 대해 증명해낼 수 있는 '완전한 학문'이라는 신념이 무너진 것이죠.

이런 몇 가지 예에서도 볼 수 있듯이 수학의 역사도 평화로운 발전의 역사만은 아니었습니다. 기존의 믿음 체계가 통째로 흔들리는 혁명적인 사건들을 거치며, 수학은 스스로의 모습을 끊임없이 바꾸고 발전해왔습니다. 토머스 쿤이라면 수학사에서의 이런 혁명적 사건들을 근본적 '패러다임'의 전환이라고 해석을 할 것입니다. 하지만 수학에서는 기존 공리체계의 문제점을 보완할 새로운 공리체계를 도입함으로써 기존의 논리나 수학 이론들을 내다 버리지 않고도 그 체계의 확장이나 새로운 형식의 수학 이론 전개가 가능했습니다. 이를테면 괴델의 문제 제기로 형식주의의 완전성 이상이 무너졌다고 해서 수학 전체가 위기를 맞은 것은 아니라는 점은 짚고 넘어갈 필요가 있습니다. 이후 수학자들은 괴델 정리를 받아들이면서도 여전히 다양한 방식으로 유용하고 강력한 체계들을 구축해 왔기 때문입니다 (예 : 집합론에서의 ZFC 공리체계, 형식논리의 확장 등).

그렇다면 이렇게 격렬한 변화 속에서, 과연 수학의 본질은 무엇이라고 말할 수 있을까요? 수학은 원래부터 존재하던 진리를 찾아가는 '발견'의 과정일까요, 아니면 이런 혁명 속에서 인간이 새롭게 창조해가는 '발명'의 과정일까요? 다음 장에서는 이 근본적인 질문을 정면으로 다루어 보겠습니다.

제6장

수학 연구의 본질

발견일까 발명일까?

수학의 본질은 무엇이라고 말할 수 있을까요?
수학은 원래부터 존재하던 진리를 찾아가는 '발견'의 과정일까요, 아니면
이런 혁명 속에서 인간이 새롭게 창조해가는 '발명'의 과정일까요?
이번 장에서는 이 근본적인 질문을 정면으로 다루어 보겠습니다.

1. 우주 탐험가 vs 위대한 작곡가

 자, 이제 수학 철학의 가장 거대하고 근본적인 질문 앞에 섰습니다. 지난 장들에서 우리는 숫자의 기원부터 지식의 종류, 그리고 지식의 혁명까지 숨 가쁘게 달려왔습니다. 이 모든 논의는 결국 하나의 질문으로 모입니다. 수학의 본질은 과연 무엇일까요?

이 질문에 답하기 위해 두 명의 인물을 상상해 봅시다. 한 명은 망원경으로 밤하늘을 관찰하는 천문학자입니다. 그녀는 아무도 본 적 없는 새로운 행성이나 은하를 찾아냅니다. 그 행성은 그녀가 망원경으로 보기 전부터 이미 그 자리에 존재하고 있었죠. 그녀의 역할은 그 존재를 최초로 '발견'하고 세상에 알리는 것입니다. 다른 한 명은 피아노 앞에 앉아 오선지에 음표를 그려 넣는 작곡가입니다. 그는 세상에 없던 아름다운 멜로디와 화음을 '창조'합니다. 그 교향곡은 그가 작곡하기 전에는 존재하지 않았습니다. 그의 머릿속에서 태어난 완전한 창작물이죠.

그렇다면 수학자는 이 둘 중 누구와 더 닮았을까요? 수학자는 우주의 비밀을 푸는 천문학자처럼, 이미 어딘가에 존재하는 수학적 진리를 '발견(Discovery)'하는 사람일까요? 아니면 위대한 작곡가처럼, 인간 정신의 힘으로 새로운 구조와 체계를 '발명(Invention)'하는 사람일까요? 이 '발견이냐, 발명이냐'의 문제는 단순히 말장난이 아닙니다. 이것은 수학이라는 학문의 정체성을 규정하는 가장 중요한 철학적 논쟁이며, 우리가 지금까지 살펴본 모든 철학자들의 생각이 이 두 팀으로 나뉜다고 해도 과언이 아닙니다. 지금부터 양 팀의 주장과 근거를 자세히 살펴보며, 여러분이 어느 팀을 응원하고 싶은지 결정해 보세요.

2. 발견 팀(Team Discovery): 수학은 우주의 숨겨진 설계도다

이 팀의 주장 : "수학적 진리는 인간의 마음과 상관없이 객관적으로 존재한다. 우리는 그것을 찾아서 밝혀낼 뿐이다."

이 팀의 영원한 주장은 단연 플라톤입니다. 그는 수학적 대상들이 완벽하고 영원한 '이데아의 세계'에 실재한다고 믿었죠. 그들은 우리의 역할이 그저 현실의 불완전한 단서들을 통해 이데아 세계의 진리를 엿보는 것뿐이라는 것입니다. 플라톤의 생각은 현대에도 이어집니다. 20세기 초, 논리학을 통해 수학의 기초를 세우려 했던 프레게 같은 철학자는 이 세계에는 객관적인 논리적 구조가 존재하며, 우리는 이성을 통해 그 구조를 탐구하고 발견할 수 있다고 믿었습니다. 그에게 수학은 마음대로 만들고 바꾸는 게임이 아니라, 이미 존재하는 진리의 체계를 탐험하는 엄밀한 학문이었죠.

• 발견 팀 주장의 강력한 근거들

① "어떻게 이렇게 잘 맞지?" – 수학의 비합리적인 유효성

가장 강력한 근거는 바로 이것입니다. 왜 수학은 우주를 설명하는 데 이렇게 기가 막히게 잘 들어맞을까요? 물리학자들은 우주의 탄생과 블랙홀의 비밀을 수학 공식으로 풀어내고, 생물학자들은 동물의

성장 패턴에서 피보나치 수열을 발견합니다. 만약 수학이 순전히 인간의 머릿속에서 나온 발명품이라면, 어떻게 이토록 정확하게 우주의 법칙을 묘사할 수 있을까요? 발견 팀은 이렇게 답합니다. "그건 우주가 원래부터 수학적으로 설계되었기 때문이다! 우리는 우주의 설계도, 즉 소스 코드를 읽어내고 있는 것일 뿐이다." 수학이 효과적인 이유는 수학이 바로 이 세계의 근본적인 언어이기 때문이라는 주장입니다.

② "누가 풀어도 답은 하나!" – 수학의 객관성

여러분, 한국에서 배우는 '2+2=4'와 미국이나 아마존 정글에서 배우는 '2+2=4'는 같은 진리입니다. 고대 이집트의 피라미드 건설자들이 알았던 기하학 원리와, 오늘날 우리가 배우는 원리는 본질적으로 다르지 않습니다. 이처럼 수학은 문화나 시대, 개인의 생각과 상관없이 누구나 같은 결론에 도달하는 놀라운 객관성을 가지고 있습니다. 만약 수학이 개인의 마음속에서 만들어내는 발명품이라면, 사람마다 다른 수학을 발명해야 하지 않을까요? 팀 발견은 이러한 수학의 보편성과 객관성이야말로, 수학이 우리 외부에 독립적으로 존재하는 진리라는 가장 강력한 증거라고 말합니다.

- 발견 팀이 풀어야 할 숙제

하지만 이 팀에게도 어려운 질문이 있습니다. 만약 수학이 존재하는 '이데아의 세계'가 있다면, 그곳은 대체 어디에 있을까요? 그리고 물질로 이루어진 우리의 뇌가 어떻게 비물질적인 그 세계에 접속해서 수학적 진리를 알아낼 수 있을까요? 이 신비로운 연결고리를 설명하는 것은 플라톤주의가 오랫동안 안고 온 숙제입니다.

3. 발명 팀(Team Invention): 수학은 인간 정신의 가장 위대한 창조물이다

이 팀의 주장 : "수학적 대상은 인간의 정신 활동이나 사회적 약속을 통해 만들어지는 창조물이다."

이 팀의 뿌리는 아리스토텔레스까지 거슬러 올라갑니다. 그는 수학이 현실 세계를 관찰하고 그로부터 공통점을 뽑아내는 '추상' 작용을 통해 만들어진다고 보았죠. 칸트는 여기서 한 걸음 더 나아가, 수학이 시간과 공간에 대한 우리 마음의 선천적인 '직관'의 틀을 이용해 정신적으로 '구성'하는 활동이라고 주장했습니다. 현대에 이르러 이 '발명'의 아이디어는 더욱 강력하고 다양해집니다.

- 직관주의자들의 발명 (정신적 창조)

뒤에 자세히 살펴볼 브라우어와 직관주의자들은 이 팀의 가장 열렬한 지지자들입니다. 그들은 수학이 본질적으로 순수한 '정신의 활동'이라고 선언했죠. 수학적 진리는 어딘가에 있어서 발견되는 것이 아니라, 오직 수학자의 마음속에서 '구성 가능한 증명'이 만들어졌을 때 비로소 탄생하는 것이라고 보았습니다. 마치 조각가가 돌덩이에서 작품을 깎아내기 전까지는 조각상이 존재하지 않는 것처럼, 증명되기 전의 수학적 진리는 아직 존재하지 않는다는 급진적인 생각이었죠.

- 형식주의자들의 발명 (규칙의 창조)

힐베르트와 형식주의자들은 조금 다른 방식의 발명을 이야기합니다. 그들에게 수학은 체스 게임과 같습니다. 우리는 '말'에 해당하는 기호들과 '행마법'에 해당하는 공리(규칙)들을 자유롭게 '발명'합니다. 그리고 그 규칙 안에서 어떤 일들이 벌어지는지 탐구할 뿐이죠. '수학적 대상이 진짜 존재하는가?'라는 질문은 무의미합니다. 중요한 것은 우리가 발명한 게임의 규칙 안에 모순이 없는가 하는 점뿐입니다.

- 발명 팀의 강력한 근거들

① 현대 수학의 추상성 – "상상 속의 숫자, 상상 속의 공간"

팀 발명의 가장 강력한 무기는 현대 수학 그 자체입니다. 예를 들어,

제곱해서 −1이 되는 수, 즉 '허수(i)'를 생각해 보세요. 현실에서 개수를 세는 데 사용할 수도 없고, 길이를 재는 데 사용할 수도 없습니다. 이것은 명백히 수학자들의 필요에 의해 '발명'된 상상 속의 숫자처럼 보입니다. 기하학도 마찬가지입니다. 우리는 3차원 공간에 살고 있지만, 현대 수학자들은 4차원, 5차원, 심지어 n차원의 공간을 자유롭게 다룹니다. 이런 공간들은 우리의 직관이나 경험과는 아무런 관련이 없어 보이죠. 이것은 수학이 현실의 제약에서 벗어나 인간 정신이 자유롭게 창조하는 활동임을 보여주는 강력한 증거입니다.

② 기하학의 혁명 – "하나가 아니었어?"

지난 장에서도 살펴보았지만 '비유클리드 기하학'의 등장은 발명팀에게 큰 힘을 실어주었습니다. 만약 수학이 우주의 유일한 진리를 '발견'하는 것이라면, 기하학은 단 하나여야만 합니다. 하지만 서로 다른 규칙을 가진, 논리적으로 완벽한 여러 개의 기하학이 가능하다는 사실이 밝혀졌죠. 이것은 마치 우리가 체스의 규칙을 바꿔 새로운 게임을 만들 수 있는 것처럼, 수학 역시 우리가 규칙을 '발명'하는 체계임을 시사합니다.

- 발명 팀이 풀어야 할 숙제

하지만 이 팀 역시 어려운 질문에 답해야 합니다. 만약 수학이 인간의 발명품이라면, 왜 모든 문화권의 사람들이 똑같은 산수(1+1=2)를 발명했을까요? 그리고 그런 이론이 왜 이 우주를 설명하는 데 그렇게 잘 들어맞을까요? 이것은 단순한 우연일까요? 발명 팀은 수학의 이 놀라운 보편성과 유효성을 설득력 있게 설명해야 하는 과제를 안고 있습니다.

4. 어쩌면 둘 다, 혹은 잘못된 질문

어쩌면 '발견이냐, 발명이냐'는 질문 자체가 너무 단순한 흑백논리일지도 모릅니다. 축구 경기를 생각해 보세요. 축구의 규칙(오프사이드, 페널티킥 등)은 명백히 인간이 '발명'한 것입니다. 하지만 그 규칙 안에서 펼쳐지는 다양한 전략들과 환상적인 플레이들은 선수들이 경기를 통해 새롭게 '발견'하는 것이라고도 볼 수 있지 않을까요?.

그렇다면 수학도 이와 비슷하지 않을까요? '하나', '둘'과 같은 가장 기초적인 개념들은 우리가 세상과 상호작용하며 세상 속의 이치를 '발견'한 것일 수 있습니다. 하지만 그 기초 위에 세워지는 복소수, 무한집합, n차원 기하학 같은 복잡하고 추상적인 이론들은 인간 정신의 위대한 창의적 '발명품'이라고 볼 수도 있겠죠.

어찌 보면 수학을 '순수수학'과 '응용수학'을 구분해서 생각해 볼 필요도 있다고 봅니다. 어쩌면 응용수학은 현실 세계의 패턴을 찾아낸다는 점에서 '발견'의 측면이 강하고, 순수수학은 현실의 제약 없이 자유로운 논리적 구조물을 만든다는 점에서 '발명'의 측면이 강하다고 볼 수도 있기 때문입니다.

5. 이제 당신의 차례입니다

우리는 오늘, 수학의 심장부에 놓인 가장 뜨거운 논쟁을 탐험했습니다. 한쪽에서는 수학이 우주의 언어이며 우리는 그 비밀을 푸는 탐험가라고 말합니다. 다른 한쪽에서는 수학이 인간 정신의 가장 위대한 교향곡이며 우리는 그것을 창조하는 예술가라고 말합니다. 아직 이 논쟁의 최종 승자는 정해지지 않았습니다. 아마 영원히 정해지지 않을지도 모릅니다. 중요한 것은 이 질문을 통해 우리가 수학을 얼마나 더 깊고 풍부하게 바라볼 수 있게 되었는가 하는 점입니다.

여러분은 어느 팀의 주장에 더 마음이 끌리시나요? 수학 문제를 풀 때, 여러분은 우주의 비밀을 파헤치는 탐험가인가요, 아니면 아름다운 논리의 성을 쌓아 올리는 건축가인가요? 이 위대한 질문에 대한 자신만의 답을 찾아보는 것, 그것이 바로 수학 철학의 가장 큰 즐거움일 겁니다.

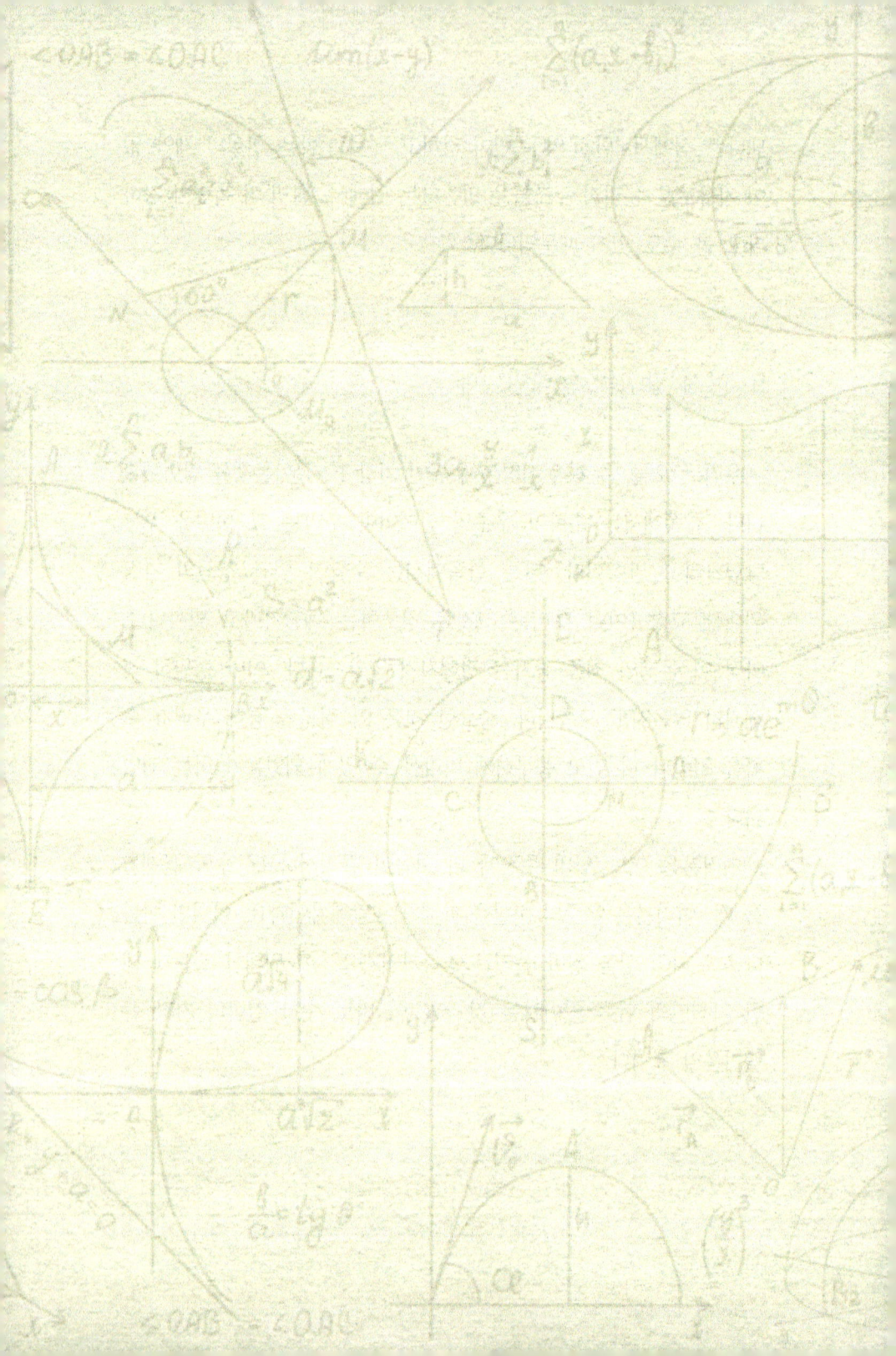

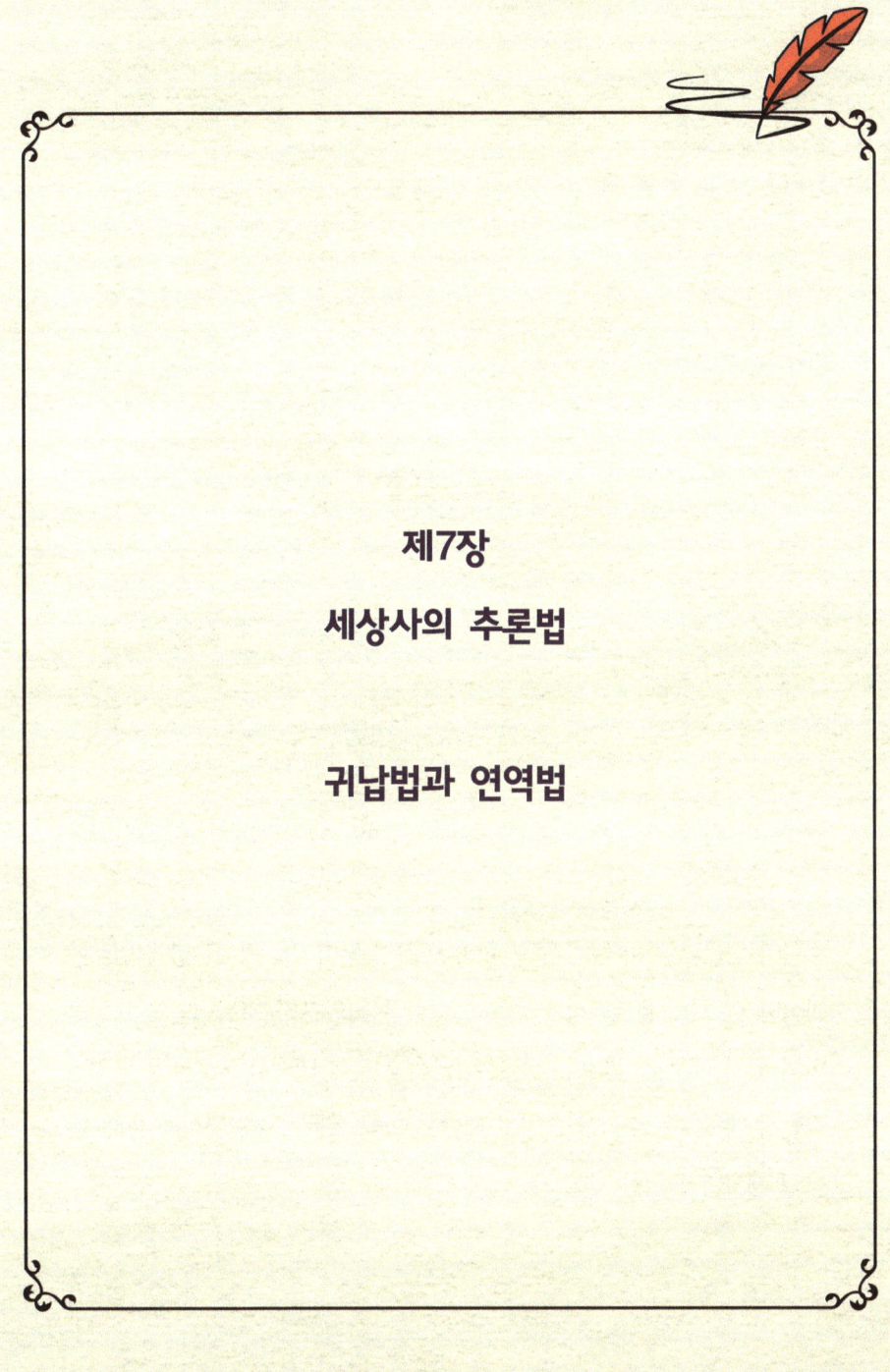

제7장

세상사의 추론법

귀납법과 연역법

수학이 아름다운 이유는, 단지 답이 있기 때문이 아니라 그 답에 이르는 과정이 한 치의 흐트러짐도 없는 완벽한 논리의 사슬, 즉 연역으로 이루어져 있기 때문일 겁니다. 한편, 귀납적 지식에 대해서도 오늘날 우리는 경험적 데이터를 수집하고 이에 대한 수학적 확률, 통계 분석을 통해 더욱 지혜로운 판단을 내릴 수 있습니다.

1. 진실을 찾아내는 탐정의 두 가지 도구

여러분, 자신이 명탐정이 되어 미궁에 빠진 사건을 해결하는 모습을 상상해 보세요. 사건 현장에는 여러 단서가 흩어져 있습니다. 깨진 유리 조각, 바닥에 남은 희미한 발자국, 피해자가 남긴 알 수 없는 메시지… 당신은 이 단서들을 어떻게 조합해서 범인을 찾아낼 건가요? 아마 두 가지 방식을 함께 사용할 겁니다. 첫째, 현장의 여러 단서를 모아 "아마도 범인은 키가 크고, 왼손잡이일 거야"라고 추측하는 방식. 둘째, "범인은 반드시 이 건물 안에 있다"라는 확실한 사실로부터 "따라서 건물 밖에 있는 용의자는 범인이 아니다"라고 단정하는 방식.

진실을 탐구하는 철학자나 수학자도 이와 비슷합니다. 그들 역시 흩어진 정보(전제)로부터 새로운 결론을 끌어내기 위해 특별한 생각의 도구, 즉 '추론법(reasoning)'을 사용하죠. 고대 그리스의 위대한 철학자 아리스토텔레스는 일찍이 이 추론법을 체계적으로 정리했습니다. 그는 여러 추론법 중에서도, 특히 '귀납법(induction)'과 '연역법(deduction)'이 중요하다고 보았어요. 이 두 가지 방법은 우리가 생각하고, 배우고, 세상을 이해하는 방식의 핵심입니다. 하지만 둘 중 하나는 수학이라는 왕국에서 절대적인 왕으로 군림하고, 다른 하나는 문밖에서 조언자 역할에 만족해야 했죠. 과연 무엇이 수학의 왕좌를 차지했을까요? 지금부터 두 추론법의 세계로 떠나보겠습니다.

2. 귀납법 : 경험으로 세상을 예측하는 방법

귀납법은 우리에게 매우 친숙한 방식입니다. 간단히 말해, 여러 구체적이고 개별적인 경험들을 바탕으로 하나의 일반적인 결론을 끌어내는 방법입니다. 다음과 같은 예들을 살펴보죠.

"내가 지금까지 본 모든 까마귀는 검은색이었다. 따라서 세상의 모든 까마귀는 검을 것이다."

"해는 어제도 떴고, 오늘도 떴다. 내 평생 해가 뜨지 않은 날은 없었다. 따라서 내일도 해는 뜰 것이다."

"이 식당에서 파스타를 다섯 번 먹어봤는데, 전부 맛있었다. 따라서 이 식당의 파스타는 항상 맛있다."

어떤가요? 아주 자연스러운 생각의 흐름이죠? 귀납법은 우리가 경험을 통해 배우고, 미래를 예측하게 해주는 강력한 도구입니다. 과학 연구의 대부분이 바로 이 귀납법에 의존합니다. 과학자들은 수많은 실험 데이터를 모으고(경험), 그 데이터에서 공통적인 패턴을 찾아 하나의 일반적인 법칙(결론)을 만들어내죠. 우리가 스마트폰을 사용하고, 약을 먹고, 비행기를 탈 수 있는 것은 모두 귀납적 추론을 통해 발전한 과학 기술 덕분입니다.

하지만 귀납법에는 치명적인 약점이 있습니다. 바로 '단 하나의 예외'만으로도 결론이 무너질 수 있다는 점입니다. 수백만 마리의 하얀 백조를 관찰하고 "모든 백조는 하얗다"라는 결론을 내렸더라도, 저 멀리 호주에서 검은 백조(블랙 스완) 한 마리가 발견되어도 그 순간 그 귀납적 결론은 거짓이 되어버립니다. "이 식당 음식은 항상 맛있다"라는 나의 믿음도, 오늘따라 주방장님의 컨디션이 안 좋아서 맛없는 파스타를 먹게 되면 바로 깨져버리겠죠.

아리스토텔레스는 바로 이 점을 간파했습니다. 그는 귀납법이 예외 사항이 발생할 가능성을 결코 완벽하게 배제할 수 없기 때문에, 절대적으로 신뢰할 수는 없는 방법이라고 생각했어요. 일상생활이나 과학에서는 매우 유용할지 몰라도, 100%의 확실성을 요구하는 수학의 세계에서는 부적합한 도구라고 본 것이죠. 이를테면 수학에서 "대부분의 삼각형은 내각의 합이 180도이다"라고 말한다면 어떨까요? 이는 수학적 진리로 받아들이긴 어렵지 않을까요?

3. 연역법 : 절대 무너지지 않는 논리의 성을 쌓는 법

이제 수학이라는 왕국의 절대 군주, 연역법을 만나볼 시간입니다. 연역법은 귀납법과 정반대의 방향으로 나아갑니다. 이미 참이라고 인정된 하나 이상의 일반적인 원칙(전제)에서 출발하여, 논리적인 규칙에 따라 반드시 참일 수밖에 없는 새로운 결론을 끌어내는 방법입니다. 연역법의 가장 유명한 형태는 아리스토텔레스가 정리한 다음과 같은 '삼단논법(syllogism)'입니다.

- 전제 1 (대원칙) 모든 사람은 죽는다.
- 전제 2 (구체적 사실) 소크라테스는 사람이다.

- **결론** 따라서 소크라테스는 죽는다.

이 논증의 힘이 느껴지시나요? 만약 전제 1과 전제 2가 모두 참이라면, 결론은 절대로 거짓이 될 수 없습니다. 이것이 바로 연역법의 황금률이죠. "전제가 참이면, 결론은 100% 반드시 참이다.". 마치 잘 만들어진 기계에 올바른 재료를 넣으면 언제나 똑같은 완벽한 제품이 나오는 것과 같습니다. 이 과정에는 예외나 우연이 끼어들 틈이 없는 거죠.

바로 이 '필연적인 확실성' 때문에 연역법은 수학의 언어가 되었습니다. 수학자들은 '공리'나 '정의'처럼 참이라고 약속한 몇 가지 출발점(전제)을 세웁니다. 그리고 그 출발점에서부터 오직 연역적인 추론만을 사용해서 길고 거대한 논리의 사슬을 만들어나가죠. 그렇게 해서 증명된 새로운 명제를 '정리(theorem)'라고 부릅니다. 우리가 배우는 모든 수학 공식과 정리들은 바로 이 연역법을 통해 세워진 거대한 논리적 건축물인 셈입니다. 아리스토텔레스는 당대의 수학자들이 이미 널리 사용하던 이 연역적 증명 방식을 보고, 그 논리 구조를 체계화하여 모든 학문의 모범으로 삼으려 했던 것입니다.

4. 추론의 조연들 : 유추와 직관적 귀납

물론 우리의 생각 도구가 귀납과 연역만 있는 것은 아닙니다. 아리스토텔레스는 '유추(analogy)'라는 방법도 언급했습니다. 이것은 비슷한 것을 통해 다른 것을 추론하는 방식입니다. "어, 이 수학 문제, 지난번에 풀었던 문제랑 비슷하게 생겼네? 그럼 그때 썼던 방법으로 풀어보면 어떨까?" 하고 생각하는 것이 바로 유추이죠. 유추는 새로운 아이디어를 떠올리거나 문제 해결의 실마리를 찾는 데 매우 유용하지만, 그저 '그럴듯한 추측'에 머무는 경우가 많아 증명의 도구로 쓰이기에는 부족하다고 아리스토텔레스는 생각했습니다.

그런데 아리스토텔레스는 한 가지 흥미로운 개념을 제시합니다. 바로 '직관적 귀납(intuitive induction)'이라는 것인데요. 이것은 까마귀나 백조의 색깔을 세는 일반적인 귀납과는 다릅니다. 여러 경험을 통해 얻어지는 것이 아니라, 그 자체로 너무나 명백해서 의심할 수 없는 진리를 순수한 직관으로 파악하는 능력을 말합니다.

예 : "똑같은 양의 두 개에다가 각각 똑같은 양을 더하면, 그 결과도 똑같다."

$$(a=b \rightarrow a+c = b+c)$$

이것은 실험이나 증명을 할 필요도 없이 우리의 타고난 직관을 통해 자명한 진리로 받아들일 수 있습니다. 아리스토텔레스는 연역법이라는 튼튼한 성을 쌓기 위해서는, 바로 이 '직관적 귀납'을 통해 얻어진 자명한 진리들이 가장 기초적인 벽돌, 즉 연역의 출발점이 되어야 한다고 생각했습니다. 수학에서는 이들을 공리, 공준 등으로 부르는데, 이들은 수학이란 나라에서 헌법과 같은 작용을 하게 되죠.

5. 올바른 장소에, 올바른 도구를

이제 우리는 진실을 탐구하는 탐정의 두 가지 핵심 도구의 특징을 명확히 알게 되었습니다.

- 귀납법 경험의 세계를 탐험하고 미래를 예측하는 과학의 도구. 하지만 항상 예외의 위험을 안고 있다.
- 연역법 절대적인 확실성을 보장하는 논리의 세계를 구축하는 수학의 도구. 전제가 참이라면 그 결론의 진리성은 결코 무너지지 않는다.

아리스토텔레스는 일찍이 연역법만이 보편타당한 결과를 확실히 보증해주는 방법이라고 생각했고, 그 생각은 오늘날까지 수학의 핵심 정신으로 이어져 오고 있습니다. 수학이 아름다운 이유는, 단지 답이 있기 때문이 아니라 그 답에 이르는 과정이 한 치의 흐트러짐도 없는 완벽한 논리의 사슬, 즉 연역으로 이루어져 있기 때문일 겁니다.

한편, 귀납적 지식에 대해서도 오늘날 우리는 경험적 데이터를 수집하고 이에 대한 수학적 확률, 통계 분석을 통해 더욱 지혜로운 판단을 내릴 수 있습니다. 다음 장에서는 확률의 기본 원리와 더불어 이 이론이 어떻게 현실에 활용되는지를 간략히 살펴보도록 하겠습니다.

제8장

확률적 판단

확률과 기댓값, 베이즈 추정

우리는 매일 불확실성 속에서 살아갑니다. 내일 비가 올지, 새로 나온 영화가 재미있을지, 이 길이 더 빠른 길일지 늘 궁금해하죠. 이런 예측할 수 없는 일들 앞에서 우리는 어떻게 현명한 결정을 내릴 수 있을까요? 통계학자 네이트 실버는 그의 저서 〈신호와 소음〉에서 정보는 폭발적으로 늘어나지만, 그 안에서 진짜 의미 있는 정보인 '신호'의 비율은 오히려 줄어들고 있다고 말합니다. 수많은 정보의 홍수 속에서 옥석을 가려내는 지혜, 그것이 매우 중요합니다.

확률적, 통계적으로 세상사를 판단하고 우리의 의사를 결정하는 것은 일종의 귀납법적 처세이며 이는 불확실한 세상사를 대하는 지혜로운 삶의 철학이 될 수 있습니다. 실버는 처음에는 성큼 큰 걸음으로 대담하게 선택을 해나가지만, 그다음부터는 새로운 정보를 얻을 때마다 자신의 기존 생각을 수정해 나가며 부지런히 작은 발걸음을 내딛는 방식을 권유하기도 했습니다. 이 여정에 대한 보다 깊은 이해를 위해서는, 우리는 먼저 모든 추론의 기초가 되는 '확률'이라는 수학적 언어를 배워야 합니다.

1. 우연을 길들이는 언어, 확률

- 확률이란 무엇일까?

확률(Probability)이란 모든 가능한 경우에 대해 특정 사건이 일어날 가능성의 정도를 비율로 나타낸 것입니다. 예를 들어, 주사위를 한 번 던질 때 1이 나올 확률은 6가지 경우 중 하나이므로 1/6이고, 짝수(2, 4, 6)가 나올 확률은 6가지 경우 중 3가지이므로 3/6, 즉 1/2(50%)이 됩니다.

여기에는 두 가지 흥미로운 관점이 존재합니다.

- **빈도주의적 관점** 어떤 사건이 일어날 확률은 이미 정해져 있다고 봅니다. 이를테면 주사위의 각 눈이 나올 확률은 전체 경우의 수 여섯 가지 중 각 경우의 수는 한가지이므로 균등하게 각각 1/6씩이라고 판단을 하죠. 그러므로 주사위를 수없이 많이 던지면 짝수가 나오는 비율은 이론처럼 결국 1/2에 가까워진다고 보는 관점입니다.

- **베이지언 관점** 현실 세계의 확률은 고정된 값이 아니라, 우리의 경험과 새로운 정보에 따라 계속 수정되어야 하는 '움직이는 과녁'과 같다고 봅니다. 우리의 지난 경험과 믿음을 바탕으로 확률을 추정하지만, 새로운 사건이 발생하면 그 정보를 반영해 기존의 믿음을 계속 업데이트해 나가는 방식이죠. 오늘날 많은 인공지능의 기계 학습은 바로 이 베이지언 관점에서 세상을 학습하고 추론해나간다고 볼 수 있습니다.

확률의 법칙 : 덧셈과 곱셈

확률의 세계에도 나름의 문법이 있습니다. 가장 기본적인 것이 덧셈법칙과 곱셈법칙입니다. 이제 잠시 확률 계산에 유용한 두 법칙에 대해 공부해 볼까요?

- **확률의 덧셈법칙** 'A 또는 B'가 일어날 확률을 구할 때 사용합니다. 주사위를 던져 '2 이하의 눈이 나오거나(사건 A), 또는 짝수가 나올 (사건 B)' 확률을 계산해 볼까요? A 또는 B가 일어날 확률 P(A∪B)는 각 사건의 확률을 더한 후, 둘이 동시에 일어나는(중복되는) 확률 P(A∩B)의 값을 빼주서 구합니다.
  - 규칙 : P(A∪B)=P(A)+P(B)−P(A∩B)

  P(A)=2/6=1/3, P(B)=3/6=1/2 입니다.

  또 A와 B가 동시에 일어나는 경우, 즉 '2 이하의 짝수'는 '2' 하나뿐이므로 그 확률 P(A∩B)는 1/6입니다.

  따라서 최종 확률은 1/3+1/2−1/6=2/3이 됩니다.

  만약 두 사건이 동시에 일어날 수 없다면 (예 : 주사위를 던져 1이 나오면서 동시에 6이 나오는 경우), 이를 배반사건이라고 하며 이 경우 P(A∩B)=0으로 계산합니다.

- **확률의 곱셈법칙** 'A와 B가 동시에' 일어날 확률 P(A∩B)를 계산할 때 필요합니다. 이때는 조건부 확률이라는 개념이 중요합니다. 조건부 확률이란 사건 A가 일어났다는 조건 하에서 사건 B가 일어날 확률을 의미하여 기호로는 P(B|A)로 표현합니다.
  - 규칙 : P(A∩B)=P(A)×P(B|A)

  어느 학교에 남학생이 60%이고, 남학생 중 70%가 안경을 썼다고 해봅시다. 이 학교에서 임의로 한 명을 뽑았을 때 '남학생이면서 (사건 A) 안경을 쓴 학생(사건 B)'일 확률 P(A∩B)는 얼마일까요?

남학생일 확률 P(A)=0.6, 남학생이라는 조건에서 안경을 썼을 확률 P(B|A)=0.7이 되겠죠?

따라서 구하는 확률은 P(A∩B)=P(A)×P(B|A)= 0.6×0.7=0.42, 즉 42%가 됩니다.

만약 한 사건 A의 발생이 다른 사건 B의 발생 확률에 아무런 영향을 주지 않을 때는 두 사건은 서로 독립사건이라고 합니다. 이때는 P(B|A)=P(B)가 되겠죠. 예를 들어 주사위를 세 번 던져 모두 1이 나올 확률은 각 사건이 독립적이므로 그 확률은

(1/6)×(1/6)×(1/6)=1/216입니다.

2. 베이즈 추정: 새로운 정보로 믿음 업데이트하기

이제 확률의 베이지언 관점으로 돌아가 봅시다. 베이즈 정리는 새로운 정보를 얻었을 때, 기존의 믿음(사전 확률)을 어떻게 새롭고 합리적인 믿음(사후 확률)으로 바꿀 수 있는지를 알려주는 마법 같은 공식입니다.

- 베이즈 정리 : P(A|B)=P(A)P(B|A)/P(B)

P(A) (사전 확률) : 사건 B에 대한 정보를 얻기 전의 A에 대한 믿음
P(A|B) (사후 확률) : 사건 B가 일어난 것을 본 후의 A에 대한 믿음
P(B|A) (우도) : A가 사실일 때 B가 관찰될 확률

병원 오진율 문제를 통해 베이즈 추정의 힘을 느껴봅시다. 어떤 암의 실제 발병률(사전 확률)은 1%로 알려져 있다고 해봅시다. 한 병원의 검진은 실제 암 환자를 양성으로 진단할 확률(민감도)이 90%, 암이 아닌 사람을 음성으로 진단할 확률(특이도)도 90%라고 합니다.

(문제 1) 이 병원에서 검진 결과 '양성'이 나왔다면, 내가 실제 암 환자일 확률은 얼마일까요?

많은 사람들은 아마도 90%일 것이라고 착각하지만, 베이즈 정리로 계산하면 놀라운 결과가 나옵니다. 사전확률 P(A)=0.01, P(A^c)=0.99, 경우도

$$P(B|A) = 0.9,$$
$$P(B|A^c) = 0.1,$$
$$P(B) = P(A)P(B|A)+P(A^c)P(B|A^c) = 0.108$$

의 계산을 통해 사후 확률

$$P(A|B) = P(A)P(B|A)/P(B) = 0.009/0.108 = 1/12$$

로 계산이 되겠죠. 따라서 내가 실제 암 환자일 확률는 약 8.3%에 불과합니다.

(문제 2) 그런데 '양성' 판정을 받고 재검진을 했는데, 또 '양성'이 나왔을 경우 내가 진짜 암 환자일 확률은?

이제 우리의 사전 확률은 더 이상 1%가 아닙니다. 첫 번째 검사 결과로 업데이트된 '내가 암 환자일 확률'인 8.3%가 새로운 사전 확률이 됩니다. 이 새로운 믿음을 가지고 베이즈 정리를 다시 적용해 계산해 보면, 실제 암 환자일 확률은 45%(9/20)까지 더 상승합니다.

실제 결코 이런 일이 일어나지 않길 바라지만, 이런 병원 진단 예를 통해 내가 암환자일 확률에 대한 믿음을 점차 수정해 나가는 과정을 실감나게 살펴보았어요. 이처럼 베이즈 추리는 새로운 증거를 바탕으로 우리의 믿음을 합리적으로 계속 업데이트해 나가는 과정이라고 말할 수 있습니다.

3. 수학으로 행운을 파헤치기: 확률, 기대값, 그리고 우리의 선택

"아, 그때 괜히 했다!", "그때 했어야 했는데!"

혹시 이런 후회를 해 본 적 있나요? 우리의 삶은 크고 작은 선택으로 가득 차 있고, 그 선택의 결과에 따라 웃거나 울기도 하죠. 재미있는 사실은, 수학, 특히 '확률'을 이용하면 어떤 선택이 더 유리한지 미리 따져볼 수 있다는 거예요. 하지만 수학적인 계산이 항상 정답일까요? 오늘은 두 가지 게임을 통해 수학적 계산과 우리의 현실적인 선택 사이에 어떤 놀라운 이야기가 숨어있는지 함께 탐험해 봐요.

[게임 1] 주사위를 던져라! (승률은 낮지만, 한 방이 있다!)

여기 참가비 만 원짜리 게임이 있습니다. 주사위를 한 번 던져서 숫자 1이 나오면, 3만 원을 받는 게임이죠. 만약 당신이 이 게임에 참여해서 운 좋게 1이 나와 결국 2만 원을 벌었다고 해봅시다. 와, 정말 신나죠! 그렇다면 당신의 선택은 '현명했다'라고 말할 수 있을까요? 잠깐만요, 수학으로 이 게임을 한번 냉정하게 분석해 볼까요?

이길 확률 : 주사위의 눈은 6개, 그중 1이 나올 확률은 1/6입니다.
질 확률 : 나머지 숫자가 나올 확률이므로 5/6 입니다.

이 게임에 여러 번 참여한다면, 평균적으로 얼마를 벌거나 잃게 될까요? 이것을 이 게임의 수익에 대한 기댓값(Expected Value)이라고 불러요. 수익에 대한 기댓값 계산은 (이길 확률 × 얻는 돈) + (질 확률 × 잃는 돈)으로 하면 됩니다. 이 계산을 실제 해보면 다음과 같겠죠. 즉, 1/6×20,000+5/6×(-10,000)=-30,000/6=-5,000원이 됩니다. 놀랍게도, 이 게임의 기댓값은 -5,000원이에요. 즉, 이 게임을 계속하면 할수록 평균적으로 한 판당 5,000원을 잃게 된다는 뜻이죠.

자, 다시 처음 질문으로 돌아가 봅시다. 당신이 비록 2만 원을 따긴 했지만, 그 선택은 현명했을까요? 수학은 '아니'라고 말합니다. 당신은 수익 기댓값이 마이너스인, 즉 불리한 게임에 뛰어든 것이니까요. 이겼다면 그건 당신이 똑똑해서가 아니라, 순전히 '운이 좋았기' 때문입니다. 우리는 이처럼 '결과의 좋고 나쁨'과 '선택 과정의 현명함'을 분리해서 생각할 줄 알아야 해요. 운 좋게 나쁜 선택에서 이익을 봤다고 해서, 그 선택이 계속 좋은 결과를 가져다주지는 않으니까요. 반대로, 어떤 게임에서 돈을 잃었다고 해서 그 선택이 무조건 어리석었다고 말할 수도 없어요. 만약 기댓값이 플러스인 좋은 게임이었는데 우연히 운이 나빠서 졌을 수도 있으니까요. 중요한 것은 결과가 아니라, 내가 얼마나 합리적인 과정을 거쳐 선택했는가입니다. 이제 다음 게임을 한번 생각해 보죠.

[게임 2] 인생을 건 주사위 (승률은 높은데, 지면 끝장!)

이번엔 판이 훨씬 커졌습니다. 참가비는 무려 1억 원! 주사위를 던져 1 또는 2가 아니면 (즉, 3, 4, 5, 6이 나오면) 6억 원을 받는 게임입니다. 실패하면 참가비 1억 원은 그대로 날아갑니다. 이 게임, 한번 해볼 만하지 않을까요? 이번에도 수학의 힘을 빌려 이 게임의 수익 기댓값을 계산해 봅시다.

이길 확률 : 3, 4, 5, 6이 나올 확률이니 4/6 , 즉 2/3입니다. 그다음 질 확률은 1, 2가 나올 확률이니 2/6, 즉 1/3입니다. 이제 기댓값 계산을 해봅시다. 기댓값=(이길 확률 × 얻는 돈) + (질 확률 × 잃는 돈)을 계산해 보면 2/3×5억+1/3×(-1억) =3억원이 되는군요.

세상에! 기댓값이 무려 플러스 3억 원입니다. 수학적으로는 이 게임에 참여하는 것이 압도적으로 유리합니다. 한 번 할 때마다 평균 3억 원을 벌 수 있다는 뜻이니까요. 자, 그럼 당신에게 지금 1억 원이 있다면 이 게임에 참여하시겠어요? 아마 대부분의 평범한 사람들은 "아니요!"라고 외칠 겁니다. 왜일까요? 수학이 하라고 하는데 왜 우리는 망설일까요? 여기에 바로 수학과 현실의 중요한 차이, '리스크(위험)'라는 개념이 등장합니다. 만약 당신이 수천억 원을 가진 재벌이라면, 이 게임은 해볼 만한 투자가 될 수 있습니다. 1억 원을 잃어도 크게 타격이 없고, 여러 번 시도해서 수학적 확률을 현실로 만들 수 있으니까요. 하지만 우리 같은 보통 사람에게 1억 원은 전 재산이거나 혹은 감당할 수 없는 큰돈입니다. 단 한 번의 실패, 즉 1/3의 확률에 걸리는 순간, 우리의 삶은 파탄에 이를 수 있습니다. 다시는 다른 기회를 노려볼 수 없는 '게임 오버' 상태가 되는 것이죠. 이처럼 어떤 손실은 단순히 돈을 잃는 것을 넘어, 우리의 삶 전체를 뒤흔들 수 있습니다.

오늘 우리는 무엇을 배웠을까요?

과정과 결과를 분리해서 생각해야 해요. 운 좋게 이겼다고 내 선택이 항상 옳았던 것은 아니고, 운 나쁘게 졌다고 내 선택이 항상 틀린 것도 아니랍니다. 중요한 건 내가 얼마나 합리적인 근거를 가지고 결정했는지 돌아보는 태도예요. 그리고 기댓값이 전부는 아니에요. 수학적인 계산은 아주 강력한 도구지만, 우리의 실제 삶에는 '리스크'와 같이 숫자로 표현하기 어려운 중요한 요소들이 함께 작용한답니다. 특히 돌이킬 수 없는 실패의 가능성이 있다면, 아무리 기댓값이 높아도 신중해야만 합니다. 수학은 우리에게 세상을 더 깊이 이해하고, 더 나은 선택을 내릴 수 있도록 도와주는 멋진 친구와 같아요. 이 친구의 조언을 귀담아듣되, 최종 결정은 언제나 여러분의 소중한 삶과 상황을 고려하여 신중하게 내리는 지혜로운 사람이 되기를 바랍니다.

제9장

논리의 기본 법칙

모순율과 배중률

그는 수많은 논리 법칙 중에서도, 모든 생각의 기초가 되는 두 개의 위대한 기둥을 세웠습니다. 바로 '모순율(Law of Non-Contradiction)'과 '배중률 (Law of Excluded Middle)'입니다. 이 두 법칙은 너무나 당연해 보여서 평소에는 우리가 의식조차 하지 못하지만, 사실은 이성적인 사고의 가장 단단한 기반이 되어 줍니다.

1. 모든 게임을 지배하는 단 두 개의 황금률

여러분, 친구들과 축구나 보드게임을 할 때를 떠올려 보세요. 어떤 게임이든 그 게임을 가능하게 하는 가장 기본적인 '황금률'이 있습니다. 축구에서는 골키퍼를 제외한 선수가 손을 사용하면 안 된다는 규칙, 체스에서는 각 말이 정해진 방향으로만 움직여야 한다는 규칙이 있죠. 만약 누군가 이 규칙을 무시하고 "나는 손으로 공을 던져서 골을 넣을 거야!"라고 우긴다면, 그건 더는 축구가 아니라 완전히 다른 게임이 되어버리겠죠. 우리가 세상을 이해하고, 다른 사람과 토론하고, 수학 문제를 푸는 '생각'이라는 게임에도 이런 절대적인 황금률이 있습니다. 이 규칙이 없다면 우리의 모든 생각과 대화는 뒤죽박죽이 되어 의미를 잃게 될 겁니다. 이 생각의 규칙을 체계적으로 정리한 학문이 바로 '논리학(logic)'이며, 그 위대한 첫걸음을 내디딘 사람이 바로 2,000년 전의 철학자 아리스토텔레스였습니다.

그는 수많은 논리 법칙 중에서도, 모든 생각의 기초가 되는 두 개의 위대한 기둥을 세웠습니다. 바로 '모순율(Law of Non-Contradiction)'과 '배중률(Law of Excluded Middle)'입니다. 이 두 법칙은 너무나 당연해 보여서 평소에는 우리가 의식조차 하지 못하지만, 사실은 이성적인 사고의 가장 단단한 기반이 되어 줍니다. 지금부터 이 두 황금률의 정체와 그 놀라운 힘, 그리고 그 법칙에 숨겨진 뜻밖의 비밀을 파헤쳐 보겠습니다.

2. 모순율: "이랬다저랬다 하지 마!"
– 논리의 제1원칙

모순율은 논리학의 '알파'이자 '오메가'이며, 가장 의심할 여지 없는 제1원칙입니다. 그 내용은 아주 간단합니다.

- 모순율 : 어떤 것은 동시에 참이면서 거짓일 수 없다. (A이면서 동시에 A가 아닐 수는 없다.)

너무 당연한 말처럼 들리나요? 맞습니다. 하지만 이 당연한 원칙이 무너지면 세상의 모든 지식이 무너집니다. "지금 이 방의 불은 켜져 있다"와 "지금 이 방의 불은 꺼져 있다"라는 두 문장이 동시에 참일 수는 없습니다. 또 "나는 지금 학교에 있다"와 "나는 지금 학교에 없다"를 동시에 주장하는 사람이 있다면, 우리는 그 사람이 엉뚱한 소리를 하는 이상한 사람이라고 생각할 겁니다.

앞서 살펴본 칸트의 예를 다시 가져와 볼까요? '총각'의 정의는 '결혼하지 않은 남자'입니다. 그런데 만약 누군가 "결혼한 총각을 만났다"라고 주장한다면 어떨까요? 이것은 '결혼하지 않은 남자이면서 동시에 결혼한 남자'라는 명백한 모순에 빠지게 됩니다. 이런 모순된 주장은 옳을 리가 없고 의미도 없겠죠.

이처럼 모순율은 우리의 언어와 이성이 제대로 작동하기 위한 최소한의 조건입니다. 만약 모순이 허용된다면, "예"라는 대답이 동시에 "아니오"일 수도 있게 되고, 그렇다면 우리는 더는 어떤 것도 명확하게 주장하거나 이해할 수 없게 됩니다. 모든 과학적 증명, 법정에서의 변론, 친구와의 토론, 그리고 수학의 모든 증명 과정은 알고 보면 "모순이 발생하면 그 주장은 틀렸다"는 이 위대한 모순율에 기대고 있습니다. 칸트가 말했듯이, 모든 필연적인 확실성의 본성은 바로 이 모순율을 따르는 데 있습니다. 이것이야말로 이성의 가장 단단한 닻이라고 할 수 있습니다.

3. 배중률: "어중간한 건 없어!" - 흑과 백의 법칙

모순율에 이어 두 번째 황금률은 배중률입니다. '배중(排中)'이라는 말은 '가운데를 배척한다'라는 뜻으로, 이 법칙의 성격을 잘 보여줍니다.

- **배중률** : 어떤 주장(논리 명제)은 참이거나 혹은 거짓이다. 그 중간은 없다. (A이거나 혹은 A가 아니다.)

이 법칙 역시 우리의 일상적인 생각과 아주 잘 들어맞습니다. 어떤 정수는 '짝수'이거나 '짝수가 아니거나(홀수)' 둘 중 하나입니다. '짝수이기도 하고 홀수이기도 한' 정수나, '짝수도 홀수도 아닌' 정수는 존재하지 않죠. 시험 결과는 '합격'이거나 '불합격' 둘 중 하나입니다. '합격인 동시에 불합격'인 상태나, 그 중간의 어중간한 상태는 없다는 것입니다. 또 법정의 판결은 '유죄'이거나 '무죄'여야 하겠죠.
배중률은 세상사를 '참/거짓', '예/아니오', '0/1'처럼 명확한 흑과 백으로 나누어 줍니다. 이런 명확성 때문에 논리학과 컴퓨터 과학에서 특히 중요한 역할을 하죠. 복잡한 세상을 단순하고 명료한 이진법의 세계로 만들어주니까요. 수천 년 동안 배중률은 모순율과 더불어 아무도 의심하지 않는 논리의 절대적인 법칙으로 받아들여졌습니다.

그런데, 정말로 이 법칙에 예외는 없을까요? 여기서 수학 철학의 가장 흥미로운 논쟁 하나가 시작됩니다. 다음의 문제를 한번 생각해 봅시다.

- 골드바흐의 추측 : "2보다 큰 모든 짝수는 두 소수의 합으로 나타낼 수 있다." (예: 4 = 2+2, 6 = 3+3, 8 = 3+5, 10 = 3+7, ...)

1742년에 처음 제기된 이 추측은, 280년이 넘는 시간 동안 수많은 천재 수학자들이 도전했지만 아직까지 아무도 '증명'하지 못했습니다. 컴퓨터로 수십억, 수백억 개의 짝수를 확인해 본 결과 모두 이 추측을 만족했지만, 이것은 귀납적 확인일 뿐, 모든 짝수에 대해 성립한다는 연역적 증명은 아닙니다. 물론, 이 추측이 틀렸다는 '반례(두 소수의 합으로 나타낼 수 없는 짝수)' 역시 단 하나도 발견되지 않았습니다.

자, 이제 배중률을 이 문제에 적용해 봅시다. "골드바흐의 추측은 참이거나, 혹은 거짓이다." 이 문장은 참일까요? 대부분 사람은 "당연히 참이지! 우리가 아직 답을 모를 뿐, 저 추측은 원래부터 참이거나 거짓 둘 중 하나가 될 수밖에 없는 거 아니야?"라고 생각할 겁니다. 아주 합리적인 생각이죠.

그런데 20세기 초, 브라우어(Brouwer)를 필두로 한 '직관주의' 수학자들은 여기에 용감하게 의문을 제기했습니다. 그들은 "잠깐만, 우리가 그 문장이 참이라는 것을 증명할 방법도 없고, 거짓이라는 것을 증명할 방법도 없는 상태라면, 어떻게 그 둘 중 하나가 반드시 참이라고 확신할 수 있지?"라고 주장했죠. 그들의 주장에 따르면, 배중률은 "이 고양이는 상자 안에 있다, 혹은 상자 안에 없다"처럼 유한하고 확인 가능한 세계에서나 통하는 법칙이라는 겁니다. 그런데 '무한히 많은 모든 짝수'처럼 무한의 영역을 다룰 때, 우리가 그 무한을 전부 확인할 방법이 없다면 배중률을 함부로 적용해서는 안 된다는 주장입니다.

이것은 '참'과 '거짓' 외에 '아직 결정되지 않음'이라는 제3의 상태가 있을 수 있음을 암시하는, 당시로서는 매우 충격적인 생각이었습니다. 이처럼 당연하게만 보였던 배중률은 '무한'이라는 거대한 상대를 만나면서 그 절대적인 지위에 처음으로 균열이 가기 시작합니다. 이 흥미진진한 싸움은 16장에서 더 자세히 다루게 될 겁니다.

4. 논리 계산: 생각을 공식으로 바꾸다

모순율과 배중률 같은 단단한 법칙들이 세워지자, 철학자들은 새로운 꿈을 꾸기 시작했습니다. 바로 '생각'을 수학적 '계산'으로 바꾸려는 꿈이었죠. 복잡한 문장으로 이루어진 토론이나 논증을, 마치 수학 공식처럼 명확한 기호로 바꾼 후 그 계산을 통해 참과 거짓을 알아낼 수 있다면 얼마나 좋을까요?

17세기의 철학자 라이프니츠는 "2+2=4"라는 명제를 직관의 도움 없이 순수한 논리적 정의와 규칙만으로 증명(계산)하는 시도를 했습니다. 그는 먼저 '3는 2+1이다', '4는 3+1이다'와 같은 자연수 정의를 내립니다. 그다음 논리 규칙을 적용하면, '2+2'는 (2+1)+1로 바꾸어 계산하여 '4'라는 결과가 필연적으로 나온다고 주장했죠. (여기에는 사실 덧셈의 결합법칙 언급이 빠져있어 완전한 논리로 보기는 어렵습니다) 그런데 19세기 말, 독일의 논리학자 프레게는 이 꿈을 한 단계 더 발전시켜, 현대 논리학의 기초가 되는 강력한 '기호논리학' 체계를 만들어냈습니다. 그는 수학 전체를 거대한 논리학의 한 부분으로 보았고, 모든 수학적 진리는 결국 논리적 계산을 통해 증명될 수 있다고 믿었습니다. 이런 관점을 수학 철학에서는 논리주의라고 분류합니다.

20세기 초의 형식주의자 힐베르트에게도 수학은 아예 '기호들의 조작 활동', 즉 일종의 정교한 논리 계산 게임 그 자체였습니다. 이처럼 논리학의 법칙들은 단순히 말싸움의 규칙을 넘어, 수학 전체의 기초를 이루고 그 진리를 계산하려는 위대한 시도의 출발점이었습니다.

5. 논리의 힘, 그리고 그 한계

이번 장에서 우리는 이성적인 사고의 세계를 지탱하는 두 개의 거대한 기둥, 모순율과 배중률을 살펴보았습니다. 모순율은 우리가 의미 있는 생각을 하기 위한 절대적인 전제 조건입니다. 배중률은 세상을 명확하게 나누어 주는 강력한 도구이지만, 한때 무한의 세계와 만나면서 철학적인 도전을 받게 되었죠. 그리고 이 법칙들을 바탕으로, 인간은 생각을 계산의 영역으로 끌어오려는 위대한 꿈을 꾸기 시작했습니다. 수천 년간 철옹성 같았던 이 논리의 법칙들은 수학이라는 학문을 반석 위에 올려놓았습니다. 하지만 앞으로 보게 될 것처럼, 인간의 이성은 스스로 만든 이 법칙의 세계 안에서조차 예상치 못한 역설과 한계에 부딪히기도 합니다.

제10장

기호 논리의 효용성

연결사와 논리 연산

기호논리학을 활용하여 복잡한 문장들을 올바르게 분석해 내는 두 가지 예를 공부해 보겠습니다. 논리학이라는 것이 결코 탁상공론이 아니라 이를 잘 활용하면 매우 유용하게 활용될 수 있는 분야라는 것을 여러분들도 확인할 수 있습니다.

1. 안개 속에 가려진 말들

혹시 친구와 이야기를 나누다가 "네 말은 앞뒤가 안 맞아!"라고 해 본 적 있나요? 혹은 인터넷에서 본 긴 글이나 뉴스 기사를 읽고 "그래서 결론이 뭐라는 거지?"라며 고개를 갸웃한 적은 없나요? 우리가 매일 사용하는 말과 글은 편리하지만, 때로는 짙은 안개처럼 우리의 생각을 흐릿하게 만들기도 합니다. 문장이 조금만 길어지고 복잡해지면, 그 말이 정말 맞는 말인지, 주장에 허점은 없는지 파악하기가 무척 어려워지죠. 여기 두 가지의 안개 잔뜩 낀 문장이 있습니다. 한번 마음속으로 그 뜻을 헤아려 보고 그 문장이 참인지 거짓인지를 판단해 보세요.

- 수수께끼 1 :

"어떤 수가 24의 배수가 아니면, 그 수는 4의 배수가 아니거나, 또는 6의 배수가 아니다."

- 수수께끼 2 :

"이 회사의 이번 도난 사건의 범인은 외부 침입자이거나, 혹은 경비원이 연루된 내부 소행이다. 만약 건물 문이 잠겨 있었다면 외부 침입은 불가능하다. 그런데 만약 문이 열려있었다면, 그건 경비원이 연루되었다는 뜻이다. 따라서 이번 사건은 경비원이 연루된 것이 틀림 없다."

어떤가요? 머리가 살짝 복잡해지는 느낌이 들지 않나요? 첫 번째 수수께끼는 맞는 말일까요, 틀린 말일까요? 두 번째 사건 파일의 결론은 정말 타당할까요? 어지간히 비상한 두뇌가 아니고서는 우리의 직감만으로 이 안개를 걷어내기는 힘듭니다. 이럴 때 우리에게 필요한 것이 바로 논리학(Logic)이라는 특별한 안경입니다. 논리학은 안개 속에 가려진 주장의 뼈대를 엑스레이 사진처럼 선명하게 보여주는 아주 강력하고 유용한 도구랍니다. 지금부터 이 특별한 안경을 쓰는 법을 함께 배워봅시다.

2. 논리학? 그거 그냥 '말 잘하는 법' 아닌가요?

'논리적이다'라는 말을 들으면 흔히 '합리적이다'라거나 '말을 이치에 맞게 잘 한다'는 뜻으로 생각하기 쉽습니다. 물론 틀린 말은 아니지만, 우리가 지금부터 탐험할 논리학의 세계는 조금 더 특별합니다. 논리학은 주어진 조건(전제)으로부터 어떤 결론이 반드시 따라 나올 수밖에 없는지, 그 생각의 경로가 타당한지를 확인하는 규칙들의 집합입니다. 마치 우리가 게임을 할 때 정해진 규칙에 따라 말을 움직여야 하는 것과 같아요. 아무리 그럴듯해 보여도 규칙에 맞지 않는 주장은 '논리적'이라고 할 수 없죠.

이 생각의 게임에서 가장 기본이 되는 말을 '명제(Proposition)'라고 부릅니다. 명제는 참(True, T) 또는 거짓(False, F)을 명확하게 구분할 수 있는 문장을 말해요.

- 명제의 예 :

"대한민국의 수도는 서울이다." (참)
"지구는 네모 모양이다." (거짓)
"1 + 1 = 2" (참)

- 명제가 아닌 것들의 예 :

"오늘 날씨 어때?" (질문)
"와, 멋지다!" (감탄)
"숙제를 열심히 해라." (명령)
"그는 키가 크다." (기준이 명확하지 않아 참/거짓을 판별할 수 없죠)

논리학의 세계에서는 이렇게 참과 거짓이 분명한 '명제'라는 벽돌을 가지고, 단단한 생각의 집을 짓는 방법을 배우게 됩니다. 이제 그 집을 짓는 데 필요한 도구들을 만나볼까요?

3. 생각의 집을 짓는 도구들: 연결사(Connectives)

단순한 명제들을 이어서 더 복잡하고 흥미로운 생각을 만들려면 명제들을 연결하는 '연결 도구'가 필요합니다. 논리학에서는 이 도구들을 '연결사(Connectives)'라고 부릅니다. 가장 기본적이면서도 강력한 네 가지 도구를 소개할게요.

1) 그리고 (AND / 논리곱 / $\wedge$ 또는 &)

예 : "이 테이블 위에는 사과 그리고 배가 있어."

이 문장이 참이 되려면 어떻게 해야 할까요? 당연히 이 테이블 위에는 사과도 있고 배도 있어야겠죠. 둘 중 하나라도 없으면 이 주장은 거짓이 됩니다. '그리고'는 연결된 모든 명제가 참일 때만 참이 되는, 조금은 까다로운 친구입니다. 논리 기호로 정리하면 다음과 같습니다.

"$p \wedge q$ 는 p와 q가 모두 참일 때만 참입니다."

2) 또는 (OR / 논리합 / $\vee$)

예 : "이 테이블 위에는 사과 또는 배가 있어."

이 문장은 어떤가요? 이 테이블 위에 사과만 있어도, 아니면 배만 있어도, 심지어 둘 다 있어도 이 말은 참이 됩니다. '또는'은 연결된 명제 중 하나만 참이어도 전체를 참으로 만들어주는 마음 넓은 친구랍니다. 이것도 논리 기호로 정리하면 다음과 같습니다.

"p∨q 는 p와 q중 하나라도 참이면 참입니다. (둘 다 거짓일 때만 거짓)"

3) 아니다 (NOT / 부정 / ¬ 또는 ~)

  가장 간단한 도구입니다. 명제의 참/거짓을 그냥 뒤집어 버리죠. "오늘은 수요일이다"가 참이라면, "오늘은 수요일이 아니다"는 거짓이 됩니다.

"¬p 는 p가 참이면 거짓, p가 거짓이면 참이 됩니다."

4) 만약 ⋯ 이면 ⋯ (IF...THEN... / 조건명제 / →)

  논리학에서 가장 중요하고, 또 가장 헷갈리는 도구일 수 있습니다. 이 친구는 다음 글에서 집중적으로 탐구해 볼게요!

4. 논리학의 슈퍼스타: '만약 ⋯ 이면'의 세계 (조건명제)

"만약 네가 이번 시험에서 100점을 맞는다면, 그러면 내가 선물을 사줄게." 이런 약속을 받아본 적 있나요? 이 문장이 바로 조건명제(p→q)의 핵심 구조입니다. '100점을 맞는다'가 조건(전제, p)이고, '선물을 사준다'가 결론(귀결, q)이죠. 이 약속은 언제 지켜진 것(참)이고, 언제 깨진 것(거짓)일까요?

100점을 맞았고(p=참), 선물도 받았다(q=참). → 약속은 완벽하게 지켜졌습니다. (참)

100점을 맞았는데(p=참), 선물을 못 받았다(q=거짓). → 이런! 약속이 깨졌습니다. (거짓)

자, 이제부터가 중요합니다.

100점을 못 맞았고(p=거짓), 선물도 못 받았다(q=거짓). → 약속이 깨졌나요? 아니죠. 애초에 약속이 발동될 조건(100점)을 만족시키지 못했기 때문에, 약속을 어겼다고 할 수는 없습니다. 따라서 이 명제는 거짓이 아닙니다. (즉, 참으로 간주)

100점을 못 맞았는데(p=거짓), (부모님이 불쌍해서) 선물을 사주셨다(q=참). → 이 경우는 어떤가요? 약속을 어긴 것은 아니죠. 오히려 더 좋은 일이 생긴 셈입니다. 이것 역시 약속을 깬 것은 아니므로, 명제 자체는 거짓이 아닙니다. (참)

정리하자면, 조건명제 p→q는 오직 가정이 참(p=T)인데 결론이 거짓(q=F)인 경우에만 거짓이 됩니다. 이 관계 때문에 우리는 p를 q이기 위한 충분조건이라 부릅니다. 100점을 맞는 것은 선물을 받기에 '충분'하다는 의미로 와닿죠. 그리고, q를 p이기 위한 필요조건이라고 부릅니다. 왜냐하면, 선물은 100점을 맞았다면 필수적으로 따라와야 하는 결과이며 선물을 받지 못했다면 100점일 리가 없는 것이겠죠. 한편, 선물을 받았다고 100점을 받았다는 단정은 할 수 없으므로, q는 p이기 위한 충분조건이라고 말할 수는 없을 겁니다.

5. 첫 번째 수수께끼 풀이: 배수 문제의 비밀

이제 우리의 도구들을 챙겨 첫 번째 수수께끼가 있는 안개 속으로 들어가 봅시다.

"어떤 수가 24의 배수가 아니면, 그 수는 4의 배수가 아니거나 또는 6의 배수가 아니다."

- 1단계 : 문장을 기호로 번역하기.

먼저 문장의 각 부분을 명제로 만듭니다.
a : 어떤 수는 24의 배수이다.

b : 어떤 수는 4의 배수이다.

c : 어떤 수는 6의 배수이다.

이걸 우리가 배운 기호로 바꾸면 이렇게 됩니다.

$$\neg a \rightarrow (\neg b \vee \neg c)$$

- **2단계 : 더 쉬운 길 찾기 (대우 명제)**

이 문장은 여전히 좀 복잡합니다. 하지만 논리학에는 '논리적 동치'라는 마법이 있습니다. 모습은 달라도 뜻은 완전히 같은 문장들이 있다는 거죠. 조건명제(p→q)에게는 대우(Contrapositive)라는 완벽한 쌍둥이 동생이 있습니다. 대우 명제는 원래 명제와 참/거짓을 항상 함께합니다.

원래 명제 : p→q (p이면 q이다)

대우 명제 : ¬q→¬p (q가 아니면 p가 아니다)

이 대우 규칙을 우리 수수께끼에 적용해 봅시다!

$$\neg(\neg b \vee \neg c) \rightarrow \neg(\neg a)$$

- **3단계 : 변신!(드모르간의 법칙)**

괄호 안의 복잡한 부분을 간단하게 만들 마법이 또 있습니다. 바로 드모르간의 법칙 이죠. 이 법칙은 '부정' 기호(¬)를 괄호 안으로 분배하는 규칙입니다. 다음 두 가지 공식인데, 이 공식은 논리 연산에 잘 쓰이므로 잘 기억해 두는 게 좋습니다.

¬(p∨q) 는 ¬p∧¬q 와 같습니다.

¬(p∧q) 는 ¬p∨¬q 와 같습니다.

이걸 우리 문장에 적용하면... 어? 그런데 우리 문장은 ¬(¬b∨¬c)죠? 하지만 드모르간의 법칙을 잘 생각 보면, 결국 'b이고 c이다'라는 의미의 b∧c와 같아집니다! 또한, 결론인 ¬(¬a)는 'a가 아닌 게 아니다'이므로 그냥 a가 되죠. 모든 변신이 끝나자, 괴물 같던 문장이 이렇게 간략히 바뀌었습니다.

(b∧c)→a

- 4단계 : 최종 판결

이걸 다시 우리말로 바꿔볼까요? "어떤 수가 4의 배수이고 그리고 6의 배수이면, 그 수는 24의 배수이다." 자, 이제 이 문장이 참인지 거짓인지 판단하는 것은 식은 죽 먹기죠? 4의 배수이면서 6의 배수인 수는 두 수의 최소공배수인 12의 배수입니다. 결국 이 문장은 "12의 배수는 24의 배수이다"라는 주장과 같습니다. 이 주장은 참인가요? 아닙니다! 거짓이죠. 우리는 이 주장이 틀렸다는 증거, 즉 반례(Counterexample)를 아주 쉽게 찾을 수 있습니다. 예를 들어 12 는 12의 배수이지만 24의 배수는 아닙니다. 36도 마찬가지죠.

논리학이라는 내비게이션 덕분에, 우리는 복잡한 길을 헤매지 않고 '거짓'이라는 목적지에 명확하게 도착했습니다!

6. 두 번째 수수께끼 풀이: 명탐정의 논리 수사법

이번엔 도난 사건 현장으로 가봅시다. 명탐정이 되어 단서들을 꿰뚫어 보고 결론이 타당한지 검증해 봅시다.

단서 1 : 도둑이 밖에서 들어왔거나, 혹은 내부 직원 소행이며 경비원이 연루되어 있다.
단서 2 : 문이 열려있지 않았다면, 도둑은 밖에서 들어올 수 없었다.
단서 3 : 문이 열려있었다면, 경비원이 연루된 것이다.
결　론 : 따라서 이 사건은 경비원이 연루되어 있다.

- 1단계 : 단서를 기호로 번역하기

　a : 도둑이 밖에서 들어왔다.
　b : 내부 직원 소행이다.
　c : 경비원이 연루되어 있다.
　d : 문이 열려있다.

단서 1 : a∨(b∧c)

단서 2 : ¬d→¬a

단서 3 : d→c

검증할 결론 : c

- 2단계 : 수사 전략 세우기 (귀류법)

　탐정은 때로 일부러 범인이 아닐 것 같은 사람을 범인이라고 가정하고 수사를 진행합니다. 그러다 말이 안 되는 상황이 발생하면, '아, 내 가정이 틀렸구나!'하고 진짜 범인을 찾아가죠. 이 방법이 바로 귀류법(Proof by Contradiction)입니다. 우리도 이 방법을 써봅시다. 결론을 일부러 부정해 보는 겁니다.

　"좋아, 경비원은 범인이 아니라고 가정해보자! (¬c)"

- 3단계 : 논리적 추론으로 파고들기

　이 가정을 들고 단서들을 하나씩 따져봅시다.

　"경비원은 연루되지 않았다(¬c)." (우리의 가정)

　단서 3 (d→c)을 보자. '문이 열렸다면(d) 경비원이 연루됐다. (c)'고 했다. 그런데 경비원이 연루되지 않았다면(¬c)? 이 조건명제의 대우가 참이 되기 위해선 '문이 열렸다(d)'는 가정이 거짓이어야만 한다. 따라서, "문은 열려있지 않았다. (¬d)"

이제 단서 2 (¬d→¬a)를 보자. '문이 열려있지 않았다면(¬d) 도둑은 밖에서 못 들어온다(¬a)'라고 했다. 방금 우리는 문이 열려있지 않다는(¬d) 사실을 알아냈다. 그렇다면, "도둑은 밖에서 들어온 것이 아니다. (¬a)"

이제 마지막 단서 1 (a∨(b∧c))을 보자. '도둑이 밖에서 들어왔거나(a), 또는 내부 소행이고 경비원이 연루되었다. (b∧c)'고 했다. 우리는 방금 도둑이 밖에서 들어온 게 아니라는(¬a) 사실을 밝혔다. 그렇다면 b∧c가 참이 될 수밖에 없다. 자, 이제 b∧c가 참이라는 것은, b도 참이고 c도 참이라는 뜻이다. 따라서, "경비원이 연루되었다.(c)"

- 4단계 : 모순 발견! "You're Under Arrest!"

잠깐! 뭔가 이상하지 않나요? 우리는 2단계에서 "경비원은 연루되지 않았다. (¬c)"고 가정하고 수사를 시작했습니다. 그런데 모든 단서를 종합하니 "경비원이 연루되었다. (c)"라는 결론이 나오고 말았습니다! "경비원이 연루되었다."와 "경비원이 연루되지 않았다."가 동시에 참일 수는 없습니다. 이것은 명백한 모순(Contradiction)입니다. 이 모순은 왜 발생했을까요? 바로 우리의 첫 가정이 잘못되었기 때문입니다. 따라서 "경비원은 연루되지 않았다."라는 주장은 틀렸고, 그 반대인 "경비원은 연루되어 있다."라는 원래의 결론이 모든 단서로부터 나온 타당한 결론임이 증명되었습니다. 탐정의 주장은 완벽했네요!

　이번 장에서는 기호논리학을 활용하여 복잡한 문장들을 올바르고 명확하게 분석해 내는 두 가지 예를 공부해 보았습니다. 알고 보면 논리학이라는 것이 결코 탁상공론이 아니라 이를 잘 활용하면 실생활에도 매우 유용하게 활용될 수 있는 분야라는 것을 여러분들도 확인할 수 있었을 것입니다.

제11장

수학의 증명법

수학자들의 비밀 무기 대 공개

수학자들은 이 증명이라는 작업을 위해, 문제의 종류에 따라 다양한 '전략'과 '전술'을 사용합니다. 지금부터 수학자들의 비밀 무기고를 열어, 그들이 사용하는 화려하고 강력한 증명법들을 하나씩 살펴보겠습니다. 수학의 규칙과 여러 기술을 배울 수 있습니다.

1. 게임의 규칙: 공리, 정리, 그리고 증명

수학의 세계를 하나의 거대한 게임이라고 상상해 봅시다. 어떤 게임이든 시작하려면 반드시 '게임 규칙'이 필요하죠. 수학의 세계에도 이런 기본 규칙들이 있습니다.

- 공리(Axiom):

게임을 시작하기 위해 모두가 '참'이라고 그냥 받아들이기로 약속한 가장 기본적인 규칙입니다. 예를 들어, 유클리드 기하학의 "두 점이 있다면, 그 두 점을 잇는 직선은 오직 하나뿐이다"와 같은 것이 바로 공리죠. 이것은 너무나 명백해 보여서 굳이 증명할 필요조차 없는, 모든 논의의 출발점입니다.

- 정리(Theorem):

이 기본 규칙(공리)들로부터 논리적인 과정을 거쳐 '참'임이 밝혀진 새로운 명제를 말합니다. 체스에서 '나이트는 L자 형태로 움직인다'라는 기본 규칙(공리)을 이용해 '나이트를 특정 위치로 보내는 가장 빠른 방법'을 알아내는 것과 같죠. 이 새로운 방법이 바로 '정리'입니다. 정리 중에서도, 더 큰 정리를 증명하기 위한 징검다리 역할을 하는 것을 보조정리(lemma), 어떤 정리에서 아주 쉽게 따라 나오는 자식 같은 정리를 따름정리(corollary)라고 부르기도 합니다.

- 증명(Proof) :

그렇다면 증명은 무엇일까요? 바로 공리라는 기본 규칙으로부터 어떤 정리(명제)가 참이라는 것을 논리적으로 입증하는 모든 과정, 즉 게임의 '필승 전략'을 단계별로 보여주는 설명서와 같습니다. 이 설명서는 모호한 자연 언어 대신, 주로 조건명제나 등식 같은 명확한 언어로 작성되어야 하죠.

수학자들은 이 증명이라는 작업을 위해, 문제의 종류에 따라 다양한 '전략'과 '전술'을 사용합니다. 지금부터 수학자들의 비밀 무기고를 열어, 그들이 사용하는 화려하고 강력한 증명법들을 하나씩 살펴보겠습니다.

2. 정면승부냐, 우회 공격이냐: 직접 증명법 vs 간접 증명법

① 직접 증명법 : 가장 정직한 길

이것은 가장 기본적이고 정직한 증명 방식입니다. 증명하려는 명제를 변형하지 않고, 약속된 공리와 정의, 그리고 이미 증명된 정리들을 논리적으로 직접 연결(연역)하여 결론에 도달하는 방법이죠. 마치 성의 정문을 향해 당당하게 걸어 들어가는 모습 같습니다.

- 예시 : "두 홀수의 합은 짝수다"를 직접 증명하기

(정의) 홀수는 2로 나누었을 때 나머지가 1이 되는 수이다. (따라서 홀수는 어떤 정수 k에 대해 '2k+1'로 표현이 가능하다)

(설정) 두 홀수를 x, y라고 하자. 그러면 어떤 정수 m, n에 대해 x = 2m+1, y = 2n+1이 된다.

(계산) 두 홀수의 합 x+y = (2m+1) + (2n+1) = 2m+2n+2.

(결론 x+y = 2(m+n+1)이다. (m+n+1) 역시 정수이므로, 2를 곱한 이 수는 항상 짝수이다. 따라서 두 홀수의 합은 항상 짝수가 된다. (증명 끝)

② 간접 증명법 1 - 대우증명법 : 거울에 비춰보기

때로는 정면으로 가는 길이 너무 복잡하고 어려울 때가 있습니다. 그럴 때 수학자들은 영리하게 우회하는 길을 택하는데, 이것이 바로 '간접 증명법'입니다. 그 첫 번째 기술은 흔히 쓰이는 대우증명법입니다. 'p이면 q이다'라는 명제를 직접 증명법으로 증명하기 어려울 때, 그와 참과 거짓이 항상 일치하는(논리적 동치 관계인) '만약 q가 아니면, p도 아니다'라는 대우 명제를 대신 증명하는 방법입니다.

- 예시 : "정수 x의 제곱이 짝수이면, 원래 수 x도 짝수이다"를 대우로 증명하기

(대우 찾기) 원래 명제의 대우는 "만약 x가 짝수가 아니면(즉, 홀

수이면), x의 제곱도 짝수가 아니다(즉, 홀수이다)"이다.

(대우 증명) x가 홀수라고 가정해보자. 그러면 x는 '2k+1' (k는 어떤 정수) 형태로 표현할 수 있다. 이때 x를 제곱하면 $x^2 = (2k+1)^2 = 4k^2+4k+1 = 2(2k^2+2k)+1$이다. 그런데 $(2k^2+2k)$은 정수이므로, $x^2 = 2(2k^2+2k)+1$은 항상 홀수이다.

(결론) 원래 명제의 대우 명제("x가 홀수이면 x^2도 홀수이다")가 참임을 증명했다. 따라서 원래 명제도 반드시 참이다. (증명 끝)

③ 간접 증명법 2 – 모순증명법(귀류법) : 함정에 빠뜨리기

이것은 간접 증명법 중에서도 가장 극적이고 강력한 기술입니다. 증명하고 싶은 결론을 일단 '거짓'이라고 가정한 뒤, 그 가정이 얼마나 말도 안 되는 모순을 일으키는지 폭로하여, 원래 결론이 참일 수밖에 없다는 것을 보여주는 기묘한 증명법이죠.

- 예시 : "$\sqrt{2}$는 무리수이다"를 귀류법으로 증명하기

(결론 부정) "$\sqrt{2}$는 유리수이다"라고 그 결론을 부정해 보자.

(정의) 유리수는 더 약분되지 않는 기약분수 a/b (a, b는 서로소인 자연수)로 나타낼 수 있다. (따라서 $\sqrt{2}$는 기약분수 a/b

로 나타낼 수 있다.)

(계산) $\sqrt{2}$=a/b 식에서 b를 이항하면 a=$\sqrt{2}$b가 되고, 양변을 제곱하면 $a^2=2b^2$가 되므로 a^2은 짝수이다. 따라서 a도 짝수이다(앞의 대우증명법에서 이미 증명). 따라서 a=2k (k는 어떤 정수)로 표현이 가능하다.

(모순 발견) $2b^2=a^2=(2k)^2=4k^2$에서 $b^2=2k^2$이므로, b^2도 짝수이고 따라서 b도 짝수임이 밝혀졌다. 그런데 a, b가 둘 다 짝수라면 이들은 서로소가 아니므로 a/b는 기약분수가 아니다.

(폭발!) 여기서 모순이 발생한다! 어떤 수가 기약분수면서 동시에 기약분수가 아닐 수는 없다!.

(결론) 이 모든 모순은 맨 처음 "$\sqrt{2}$는 유리수이다"라고 잘못 가정했기 때문에 벌어졌다. 따라서 그 가정은 거짓이며, $\sqrt{2}$는 무리수이다. (증명 끝)

3. 특수한 상황을 위한 특별한 무기들

수학의 세계에는 다양한 문제만큼이나 다양한 증명법이 존재합니다.

① 수학적 귀납법 : 무한한 도미노를 쓰러뜨려라

"모든 자연수 n에 대하여…"로 시작하는 명제를 증명할 때 사용하는 필살기입니다. 그 원리는 끝없이 늘어선 도미노를 쓰러뜨리는 것과 같습니다.

- 기본 단계 : 첫 번째 도미노(n=1)가 넘어짐을 보여준다.
- 귀납 단계 : k번째 도미노가 넘어졌다고 '가정'했을 때, 그다음인 (k+1) 번째 도미노도 반드시 넘어진다는 '연쇄 반응'을 증명한다.

이 두 가지만 보이면, 도미노가 아무리 길어도 모든 도미노가 예외 없이 쓰러진다는 것이 증명됩니다.

예 : "1부터 n까지의 합은 $n(n+1)/2$와 같다"라는 수열의 합 공식은 수학적 귀납법으로 증명할 수 있습니다. 일단, n=1일 때는 1=1로 이 공식은 성립합니다. 그다음 n=k(자연수)일 때, $1+\cdots+k = k(k+1)/2$가 성립한다고 가정해봅시다. 그럼 n=k+1일 때, 이 공식의 좌변은 $(1+\ldots+k)+(k+1) = k(k+1)/2+(k+1) = (k+1)(k/2+1) = (k+1)(k+2)/2$ 이 되면서 이 공식의 우변과 같아집니다. 따라서 수학적 귀납법을 통해 모든 자연수 n에 대해 이 공식은 성립한다는 것이 증명된 것입니다.

② 사례별 증명법 : '경우의 수'를 나눠서 격파하라

'또는'으로 연결된 여러 경우를 전체적으로 증명해야 할 때 사용하는 '분할 정복' 전략입니다. 명제의 가정이 여러 논리합($p1 \vee p2 \vee ....$)으로 구성된 경우, 각 경우($p1, p2,...$)에 대해 결론이 성립함을 각각 따로 증명하는 방식이죠. 예를 들어, "$|xy| = |x||y|$"임을 증명하려면, x와 y가 각각 양수, 음수일 때로 총 네 가지 경우를 나누어 각각 증명한 뒤, "모든 경우에 성립하므로 이 명제는 참이다"라고 결론 내리는 방식입니다.

③ 존재 증명법 : 딱 하나만 찾아라!

"~한 x가 존재한다"라는 것을 증명하는 가장 간단한 방법입니다. 말 그대로, 그 조건을 만족하는 사례를 딱 하나만 찾아내면 증명은 바로 끝납니다.

예를 들어, "10보다 큰 어떤 자연수의 제곱이 다른 두 자연수의 제곱의 합과 같은 경우가 있다"는 명제는, "x=13일 때, $13^2 = 169 = 144+25 = 12^2+5^2$ 이므로 참이다"라고 보여주면 충분합니다.

④ 유일성 증명법 : '오직 하나뿐'임을 보여라

존재 증명에서 한 단계 더 나아가, 그 사례가 '오직 하나뿐'임을 증명하는 것입니다. 이런 경우는 두 단계로 이루어집니다.

(1) 존재성 : 먼저 조건을 만족하는 x가 존재함을 보인다.

(2) 유일성 : 그 x가 아닌 다른 어떤 y도 그 조건을 만족하지 못함을 보인다.

예를 들어 "$(x-1)^2 \leq 0$을 만족하는 실수 x는 오직 하나뿐이다"라는 명제의 경우, ,x=1일 때 성립하고(존재성), x가 1이 아닐 때는 $(x-1)^2$이 항상 0보다 크므로 성립하지 않음(유일성)을 보여 증명할 수 있습니다.

4. 논리의 허점을 찌르는 기묘한 증명들

논리의 세계에는 우리의 상식을 벗어나는 듯 기묘하지만 그래도 합법적인 증명법들도 있습니다.

① 무의미한 증명법 (Vacuous Proof) : 'p이면 q이다'에서, 가정 p 자체가 거짓이어서 절대 일어날 수 없는 경우를 말합니다. 가정이 거짓이면 결론이 무엇이든 그 조건명제는 참이라고 약속했었죠?

이를테면, "실수 n이 양수이면서 동시에 음수이면, n+n=0이다"라는 명제를 볼까요? 여기에서는 그 가정이 애초에 불가능하므로(거짓이므로) 무조건 참입니다. 여기서 그 결론이 참이 될 수 없는 $n^2 < 0$으로 되어있다고 해도 이 명제가 참인 것은 마찬가지입니다.

② 자명한 증명법 (Trivial Proof) : 'p이면 q이다'에서, 결론 q가 가정 p와 상관없이 원래부터 당연히 참인 경우를 말합니다.

이를테면, "자연수 n이 두 소수의 합이면, n은 짝수이거나 홀수이다"라는 명제는, 결론인 "n은 짝수이거나 홀수이다"가 모든 자연수에 대해 당연히 참이므로, 이 명제 전체도 더 따질 필요 없이 자명하게 참이 됩니다.

①의 '무의미한 증명'은 1995년 성균관대 입시 수학 문제에서 실제로 큰 논란을 불러일으켰습니다. 벡터에 관한 어떤 조건명제 형식의 문제가 있었는데 그 조건(가정)을 만족하는 벡터가 애초에 존재할 수 없었기 때문입니다. 이 문제는 가정으로부터 결론을 유도할 필요도 없이 논리적으로 '참'이었죠. 당시 성균관대 김명호 교수는 이 문제는 출제 오류로 인정하고 모두 맞게 처리해야 한다고 주장했습니다. 김 교수는 그 이후 학교 교수직의 재임용 거부를 당했는데, 이에 관한 스토리를 집중 조명한 영화('부러진 화살')까지 나왔습니다. 이 사건은 논리의 규칙이 현실 세계와 부딪혔을 때 얼마나 큰 파장을 불러일으킬 수 있는지 보여주는 흥미로운 사례일 것입니다.

5. 증명의 미학과 함정

이 외에도 구체적인 반례를 만들지 않고도 반례의 존재를 증명하는 '비 구성적 증명'이라는 오묘한 증명법도 있습니다. 한 예를 통해 이 증명법을 소개하기로 하죠. "무리수의 무리수 제곱은 항상 무리수이다" 이 명제는 참일까요, 거짓일까요? 결론부터 말하자면 이 명제는 거짓입니다. 이 명제가 거짓이라면, 이 명제의 반례를 찾아낸다면 곧바로 증명이 마무리되겠지요. 그런데 다음과 같은 증명은 어떨까요?

$\sqrt{2}^{\sqrt{2}}$는 유리수 아니면 무리수이겠죠. 그런데 이 수가 만일 유리수라면? 무리수($\sqrt{2}$)의 무리수($\sqrt{2}$) 제곱이 유리수가 되는 경우이므로 원래의 명제가 거짓이라는 증명은 여기서 완료될 것입니다. 이제는 $\sqrt{2}^{\sqrt{2}}$가 그 반대인 무리수라고 해봅시다. 이 경우엔, $\sqrt{2}$의 $\sqrt{2}$제곱을 다시 $\sqrt{2}$제곱한 ($\sqrt{2}^{\sqrt{2}}$)$^{\sqrt{2}}$ 형태의 수를 봅시다. 이 수는 지수법칙에 의해 ($\sqrt{2}$)^{2}과 같으므로 결과적으로 유리수 2가 됩니다. 따라서 이 경우는 ($\sqrt{2}^{\sqrt{2}}$)$^{\sqrt{2}}$가 원래 명제가 거짓임을 밝히는 반례가 될 것입니다. 결국 $\sqrt{2}^{\sqrt{2}}$이 유리수와 무리수 중 어느 쪽이 사실인지는 알지 못해도 두 경우 중 하나는 반드시 참일 것이므로 원래 명제가 거짓이라는 것은 증명되었다는 것입니다. 따라서 구체적인 반례를 찾지 않고(구성하지 않고) 그 명제가 거짓임을 보인 셈이어서 이를 비 구성적 증명법이라고 하는 것입니다.

이런 비 구성적 증명법에 대해 현대 수학 철학의 직관주의의 효시였던 브라우어는 인정을 했을까요? 그라면 그렇지 않았을 것입니다. 그는 이처럼 둘 중 하나는 맞는 것에 대한 배중률 증명 방식에 반대하며 실제 어느 쪽이 맞는 것이라는 증명까지 구체적으로 제시(구성)해야만 그 전체 증명을 인정할 수 있다는 '구성주의자'였기 때문입니다.

우리는 오늘 수학자들의 비밀 무기고를 상당 부분 둘러보았습니다. 증명은 단순히 참과 거짓을 구분하는 과정에 대한 작업을 넘어, 가장 효율적이고 아름다운 논리의 길을 찾는 예술과도 같습니다. 훌륭한 수학자는 다양한 증명법을 자유자재로 구사할 줄 아는 동시에, 논리의 함정에 빠지지 않는 예리한 눈을 가진 사람일 것입니다.

이 장에서 우리는 수학의 규칙과 여러 기술을 배웠습니다. 이제 다음 장에서는 이 기술들을 가지고 인간 이성의 가장 큰 도전 과제인 '무한'의 세계를 본격적으로 탐험해 보겠습니다. 그곳에서는 우리가 믿었던 논리의 규칙마저 흔들리는 놀라운 경험을 하게 될 것입니다.

제12장

무한집합의 미스터리

무한의 크기 비교

무한의 미스터리는 '해결'되지 않았습니다. 대신, 이 사건은 수학자들에게 "수학이란 무엇인가?", "수학적 진리란 무엇인가?"라는 더 깊은 철학적 질문을 던지게 했습니다.

1. '끝없는' 너머의 세계

여러분, '무한(infinity)'이라는 단어를 들으면 무엇이 떠오르나요? 아마도 밤하늘의 별처럼 셀 수 없이 많은 것, 혹은 1, 2, 3, 4,…처럼 끝없이 이어지는 숫자들의 행진을 상상할 겁니다. 무한이란 그저 '끝이 없는 상태'라고 생각하는 것이 우리의 상식이죠.

고대의 위대한 철학자 아리스토텔레스 역시 무한을 그런 식으로 이해했습니다. 이 책의 앞부분에서도 언급한 바 있지만, 그는 우주가 유한한 크기를 가진다고 믿었기에, '완성된 형태의 무한(실제무한)'이란 존재할 수 없다고 생각했죠. 어떤 선분을 계속해서 절반으로 잘라나가는 과정처럼, 무한이란 끝없이 계속될 수 있는 '과정'이자 '가능성(잠재무한)'일 뿐이라고 보았습니다.

그런데 19세기 말, 독일의 한 천재 수학자가 인류의 상식을 뒤엎는 폭탄선언과도 같은 주장을 들고 나왔습니다. 그의 이름은 게오르크 칸토어(Georg Cantor). 그는 "무한에도 크기가 급이 다른 종류가 있다"라고 외쳤습니다. '끝없음'에도 등급이 있어서, 어떤 '끝없음'은 다른 '끝없음'보다 훨씬 더 거대할 수 있다는 것이었죠. 이것은 당시 수학계를 발칵 뒤집어 놓은 혁명적인 생각이었습니다. 칸토어는 '집합론'이라는 새로운 수학을 통해, 아무도 제대로 탐험한 적 없던 '실제무한'의 세계로 과감하게 뛰어들었습니다. 그의 탐험은 수학자들에게 무한이라는 새로운 낙원을 보여주는 듯했지만, 그 낙원의 중심에는 아무도 예상치 못한 치명적인 역설의 뱀이 도사리고 있기도 했습니다. 이번 장에서는 칸토어와 함께 이 미스터리의 무한집합 세계를 탐험하고, 그가 발견한 아름다움과 그 안에 숨겨진 위험을 함께 마주해 보겠습니다.

2. 무한의 개수를 세는 법: 칸토어의 기발한 아이디어

자, 여기 두 개의 바구니가 있습니다. 한 바구니에는 자연수(1, 2, 3,...)가 끝없이 담겨 있고, 다른 바구니에는 짝수(2, 4, 6,...)가 끝없이 담겨 있습니다. 그럼 어느 쪽이 더 많을까요?

"당연히 자연수죠! 짝수는 자연수 일부분이잖아요." 이것이 우리의 상식적인 대답일 겁니다. 하지만 칸토어는 고개를 저었습니다. "끝없이 많은 것들의 개수를 비교할 때, '부분이 전체보다 작다'라는 상식은 더 이상 통하지 않습니다." 그는 무한한 대상들의 크기를 비교하기 위한 아주 기발하고도 강력한 도구를 제시했습니다. 바로 '일대일 대응(one-to-one correspondence)'입니다. 앞서 소개했던 데이비드 흄의 경우에도 유한한 크기의 수를 비교할 때에 우리는 일대일 대응을 시키는 방법을 통해 파악한다고 이야기한 적이 있습니다. 이런 크기 파악 방식을 후일 '흄의 원리'라고 부르기도 했죠. 이 아이디어는 아주 간단합니다. 어떤 파티장에 남자들과 여자들이 가득 있다고 상상해 보세요. 그들의 수를 일일이 세지 않고도 남녀의 수가 같은지 알 수 있을까요? 있습니다! 모두에게 춤을 추라고 해서, 남자 한 명과 여자 한 명이 한 쌍도 빠짐없이 짝을 이룬다면, 우리는 남녀의 수가 정확히 같다는 것을 알 수 있겠죠.

칸토어는 이 방법을 무한의 크기 비교에도 적용했습니다. 자연수와 짝수를 한번 짝지어 볼까요?

자연수 1 에는 짝수 2를
자연수 2 에는 짝수 4를
자연수 3 에는 짝수 6을
…
자연수 n에는 짝수 2n을

이런 식으로 짝을 지으면, 어떤 자연수나 짝수를 가져와도 단 하나의 빠짐도, 남음도 없이 완벽한 짝을 찾아줄 수 있습니다. 즉, 자연수와 짝수는 '일대일 대응'이 가능합니다. 따라서 칸토어의 기준에 따르면, 자연수의 개수와 짝수의 개수는 '같다'라는 충격적인 결론이 나옵니다.

여기서 칸토어는 '무한집합'의 새로운 정의를 내립니다. 바로 "자기 자신의 진짜 일부(진부분집합)와 일대일 대응이 가능한 집합"이라는 것입니다. 짝수 집합은 분명 자연수 집합의 일부(진부분집합)인데도 개수가 같았죠? 이것이 바로 무한집합이 가진 기묘하고도 핵심적인 특징입니다.

3. 무한의 첫 번째 레벨: '셀 수 있는' 무한

칸토어는 이처럼 자연수와 일대일 대응이 가능하여 '셀 수 있는' 무한집합을 '가산집합(countable set)'이라고 불렀습니다. 이것은 무한의 세계에서 가장 기본이 되는, 말하자면 '레벨 1'의 무한입니다. 놀라운 사실은, 우리가 상상할 수 있는 대부분의 무한집합이 이 가산집합에 속한다는 것입니다. 자연수, 짝수, 홀수, 3의 배수.,... 심지어 모든 유리수(분수)들의 집합 역시, 약간의 기술을 사용하면 자연수와 일대일로 짝을 지을 수 있습니다. 즉, 수직선 위를 그토록 빽빽하게 채우고 있는 것처럼 보이는 분수들조차, 그 개수는 자연수와 '같은 등급'의 무한이라는 것이죠. 참 놀랍지 않나요? 우리는 여기서 이런 생각을 해볼 수도 있겠죠. "그렇다면 모든 무한은 결국 같은 크기가 아닐까?"

4. 무한의 사다리: '셀 수 없는' 무한의 등장

칸토어의 대답은 또 한 번 "아니오!"였습니다. 그는 '가산집합'의 크기를 훌쩍 뛰어넘는, 훨씬 더 거대한 상위 레벨의 무한이 존재한다는 것을 증명해냈습니다. 그 거대한 무한은 바로 실수(real number)의 집합입니다. 실수는 수직선 위의 모든 점에 해당하며,

자연수나 유리수뿐만 아니라 원주율(π)이나 2의 제곱근처럼 순환하지 않는 무한소수(무리수)까지 모두 포함하는 개념입니다.

칸토어는 '대각선 논법'이라는 아주 독창적인 귀류법을 사용하여, 실수 전체의 집합은 자연수 집합과 어떻게 대응을 시키더라도 절대로 일대일 대응이 불가능하다는 것을 증명했습니다. 아무리 애써서 자연수와 실수를 짝지어 목록을 만들어도, 그 목록에는 항상 빠져있

는 실수가 존재할 수밖에 없다는 것을 보여준 것이죠. 이것이 바로 '셀 수 없는 무한', 즉 '불가산집합(uncountable set)'의 등장입니다. 무한의 세계에 최소 두 개 이상의 등급이 있다는 것이 밝혀진 순간이었습니다.

여기서 끝이 아닙니다. 칸토어는 '무한의 사다리'를 오르는 방법을 발견했습니다. 바로 '멱집합(power set)'입니다. 멱집합이란, 어떤 집합의 모든 부분집합들을 원소로 갖는 집합을 말합니다. 칸토어는 "어떤 집합 A의 멱집합 ℘(A)는 원래 집합 A보다 항상 크다"라는 것을 증명했습니다. 이것이 의미하는 바는 엄청납니다. 자연수 집합(N)보다 그것의 멱집합 ℘(N)이 더 큰 무한입니다. (실제로 실수의 집합은 이 멱집합과 크기가 같습니다) 그런데 그 멱집합의 멱집합 ℘(℘(N))은 또 그보다 더 큰 무한이겠죠. 이 과정은 끝없이 반복될 수 있습니다. 즉, 무한의 종류는 끝이 없으며, '가장 큰 무한'이란 결코 존재할 수 없다는 결론에 이르게 됩니다.

5. 실수는 왜 자연수보다 클까요?
대각선 논법 따라잡기

바로 앞에서 실수가 자연수보다 더 크다는 것은 대각선 논법으로 증명한다고 했습니다. 살짝 어려울 수도 있겠지만 이제 그 증명법에

한 번 도전해 볼까요?

우리는 0과 1 사이의 실수에 초점을 맞춰볼 거예요. 이 작은 구간 안의 실수들만 해도 자연수보다 훨씬 많다는 것을 보여줄 수 있거든요. 만약 자연수와 실수의 개수가 같다고 가정해봅시다. 그럼 자연수 하나에 0과 1 사이의 실수 하나씩을 짝지어줄 수 있을 거예요. 그리고 우리는 이 실수들을 이진법으로 표현할 수 있죠. 이진법은 숫자를 0과 1 두 가지만으로 나타내는 방식이에요.

예를 들어, 이렇게 짝을 지어 나열했다고 상상해봐요 :

1번 자연수 : 0.10101010⋯
2번 자연수 : 0.01101101⋯
3번 자연수 : 0.11001100⋯
⋯ (모든 자연수에 짝을 지어 끝없이 나열했다고 가정)

이제 우리가 나열한 이 실수들로부터 아직 등장하지 않은 새로운 실수 하나를 만들어 볼 거예요. 이것이 바로 '대각선 논법'이에요.

1번 실수의 첫 번째 소수점 자리 숫자(0.＊0101010⋯ ＊를 가져와서 반대로 바꿔요. (1이면 0으로, 0이면 1로) → 여기서는 1이니까 0으로!

2번 실수의 두 번째 소수점 자리 숫자(0.0＊1011011⋯ ＊를 가져와서 반대로 바꿔요. → 여기서는 1이니까 0으로!

3번 실수의 세 번째 소수점 자리 숫자는 0이니까 1로! ... 이런 식으로 모든 자연수에 대해 끝없이 반복해요.

이렇게 해서 만들어진 새로운 이진 실수(0.001...)는 우리가 처음에 나열했던 어떤 실수와도 완전히 똑같을 수는 없을 겁니다. 1번 실수와는 첫 번째 자리에서 다르고요, 2번 실수와는 두 번째 자리에서 다르고요, 3번 실수와는 세 번째 자리에서 다르죠. 모든 나열된 실수와 적어도 한 자리에서는 다르게 만들었기 때문이죠.

이것이 의미하는 바는, 아무리 우리가 "모든 실수를 자연수와 일대일로 짝지었다"고 가정하면, 항상 우리가 미처 짝지어주지 못한 실수가 따로 또 존재한다는 모순에 빠진다는 겁니다. 즉, 자연수와 일대일로 짝을 지어 모든 실수를 나열하는 것은 불가능하다는 결론에 도달합니다. 더불어 자연수의 멱집합이 자연수보다 큰 불가산집합이라는 것도 확인해볼까요? 예를 들어 0과 1 사이의 이진법 수 0.100110...는 몇 번째 자리에 1이 있는가에 따라 자연수 집합의 부분집합 {1, 4, 5,...}와 대응을 시킨다고 해보죠. 만일 이런 방식으로 대응을 시키면 자연수 집합의 모든 부분집합들(멱집합)은 0과 1 사이의 모든 실수 집합과 일대일 대응이 되겠죠? 결국, 자연수 집합의 멱집합은 그 크기가 실수와 같은 레벨(불가산집합)이라는 것을 알수가 있죠. 무한의 세계는 참 절묘하지 않나요?

6. 낙원의 비극: 논리를 집어삼키는 역설

칸토어가 열어젖힌 무한집합의 세계는 수학자들에게 새로운 가능성으로 가득 찬 '낙원'처럼 보였습니다. 하지만 그 낙원의 중심에는 아무도 예상치 못한 논리의 뱀, '역설(paradox)'이 숨어있었습니다. 수학자들이 칸토어의 이론을 극한까지 밀어붙이자, 수학의 근본을 뒤흔드는 심각한 모순들이 터져 나오기 시작한 것입니다.

가장 대표적인 것이 바로 '모든 집합들의 집합'이 일으키는 역설입니다. 이 세상에 존재하는 모든 집합을 전부 다 담고 있는, 가장 거대한 '모든 집합들의 집합' S를 상상해 봅시다. 이 집합은 우리가 충분히 생각해 볼 수 있는 개념으로 우리의 상식에서는 무슨 문제가 발생할 것 같지 않아 보입니다. 그렇다면 S의 멱집합, 즉 $\wp(S)$도 하나의 집합이므로, 당연히 S의 원소여야 합니다. 즉, $\wp(S)$는 S의 일부입니다. 따라서 집합 S의 크기는 $\wp(S)$의 크기보다 크거나 같아야 합니다.

그런데 이게 웬일일까요? 바로 위에서 우리는 칸토어의 정리에 따라, 어떤 집합의 멱집합은 원래 집합보다 '항상' 더 크다고 했습니다. 즉, $\wp(S)$의 크기는 S의 크기보다 반드시 커야 합니다. 여기서 치명적인 모순이 발생했습니다! S의 크기는 $\wp(S)$보다 크거나 같으면서, 동시에 $\wp(S)$보다 작다! 이것은 명백한 모순이며, 논리적으로 불가능한 상황입니다.

이 외에도 버트런드 러셀은 칸토어의 역설을 분석하다가 보다 간명한 '러셀의 역설'을 발견하기도 했습니다. 이런 역설들은 결국 '자기 자신을 가리키는' 개념과 관련이 되어있습니다. 다음 장에서는 러셀의 역설을 집중적으로 조명하면서 그 원인과 해법 등에 대해서도 자세히 분석해 보도록 하겠습니다.

7. 낙원에서 쫓겨난 수학자들

무한집합이 낳은 역설이라는 폭탄은 수학계에 엄청난 후폭풍을 몰고 왔습니다. 수학의 확실성에 대한 믿음이 뿌리째 흔들렸고, 수학자들은 세 개의 다른 진영으로 나뉘어 이 위기를 해결하기 위한 철학적 논쟁에 돌입했습니다.

- 논리주의자들 (프레게 등) : 수학을 완벽한 논리학 위에 세우려던 그들의 꿈은 이 역설들로 인해 큰 타격을 입고 좌초 위기에 놓였습니다.

- 직관주의자들 (브라우어 등) : 그들은 "이것 보라! 우리가 경고하지 않았는가! 이 모든 혼란은 존재하지도 않는 '실제무한'이라는 허구를 가지고 장난을 쳤기 때문에 벌어진 일이다. 우리는 인간의 직

관으로 안전하게 구성할 수 있는 유한의 세계로 돌아가야 한다!"라고 외쳤습니다.

- 형식주의자들 (힐베르트 등) : 그들은 무한이라는 강력한 도구를 포기할 수는 없었지만, 그 위험성은 인정했습니다. 그래서 무한을 사용하더라도 그 증명 과정 자체는 모순이 없는 안전한 '유한적인 방법'으로 통제해야 한다고 주장하며, 수학의 규칙을 재정비하려고 했습니다.

결국, 칸토어가 발견한 무한의 낙원은, 그곳에 살기 위한 올바른 규칙이 무엇인지 아무도 모르는 혼돈의 땅이 되어버렸습니다. 무한의 미스터리는 '해결'되지 않았습니다. 대신, 이 사건은 수학자들에게 "수학이란 무엇인가?", "수학적 진리란 무엇인가?"라는 더 깊은 철학적 질문을 던지게 했습니다. 이제 수학은 단순히 수학적 문제의 답을 찾는 학문을 넘어, 그 기초와 한계 자체를 고민하는 새로운 시대로 접어들게 됩니다.

철학자 프로필 7

게오르크 칸토어 (Georg Cantor)

- 별명 : 무한의 낙원을 발견한 탐험가

"끝이 없는 것에도 등급이 있어! 자연수의 무한보다 실수의 무한이 훨씬 더 거대하지. 하지만 조심해…. 이 낙원에는 역설이라는 뱀이 숨어있으니까."

- 무한을 보는 새로운 시각 : 칸토어는 무한을 그저 '끝없는 과정'으로만 보던 기존의 생각을 뒤집고, 완성된 실체로서의 '실제무한'을 탐구했어.
- 무한의 크기를 재는 법 : '일대일 대응'이라는 기발한 방법으로 무한집합의 크기를 비교했어. 이를 통해 자연수의 개수와 짝수의 개수가 사실상 '같다'라는 충격적인 결론을 내린 거지.
- 핵심 주장 : 무한에도 서로 다른 크기가 존재한다는 거야. 자연수처럼 '셀 수 있는 무한(가산집합)'이 있는가 하면, 실수처럼 도저히 셀 수 없는, 훨씬 더 거대한 '셀 수 없는 무한(불가산집합)'도 존재한다는 증명도 했지. 하지만 그의 이론은 '모든 집합들의 집합'과 같은 개념에서 치명적인 '역설'을 낳으며 수학의 기초를 뒤흔드는 위기를 불러왔어.

제13장

역설(Paradox)

논리의 균열과 새로운 시작

우리는 살면서 알게 모르게 많은 규칙과 논리 속에서 살아갑니다. 수학도 마찬가지죠. '1 + 2 = 3'이라는 너무나 당연한 사실부터 복잡한 방정식까지, 모든 수학은 정해진 규칙과 논리적 흐름에 따라 움직입니다. 그런데 만약 이 규칙과 논리에 구멍이 뚫린다면 어떻게 될까요? 마치 완벽해 보이던 건물이 갑자기 흔들리는 것처럼, 우리의 생각에 큰 혼란을 주는 상황이 생길 수 있겠죠. 지난 장에서도 언급했던 바로 '역설(Paradox)'이 등장할 때 벌어지는 일입니다.

　역설은 겉보기에는 논리적으로 말이 되는 것 같지만, 생각해 보면 결국 모순에 빠지게 되는 진술이나 상황을 말해요. 이런 역설들은 때로는 우리를 당황스럽게 만들지만, 동시에 우리가 얼마나 깊이 생각해야 하는지, 그리고 우리의 논리 체계에 어떤 빈틈이 있을 수 있는지를 알려주는 중요한 이정표가 됩니다.

1. 거짓말쟁이의 역설: 말장난인가, 논리의 구멍인가?

역설의 가장 대표적인 예 중 하나는 바로 '거짓말쟁이의 역설'입니다. 이야기는 기원전 6세기 크레타섬에 살았던 에피메니데스라는 사람의 말에서 시작돼요. "모든 크레타 인은 거짓말쟁이다." 그런데 에피메니데스 자신도 크레타인 이였어요. 그렇다면 이 말이 참일까요, 거짓일까요?

먼저 이 말이 '참'이라고 해볼게요. "모든 크레타 인은 거짓말쟁이다."가 참이라면, 크레타 인인 에피메니데스도 거짓말쟁이라는 뜻이 됩니다. 그런데 만약 에피메니데스가 거짓말쟁이라면, 그가 한 말인 "모든 크레타 인은 거짓말쟁이다."는 거짓말이 되어야 해요. 어라? 처음에는 참이라고 했는데, 결론은 거짓이 되네요. 참이면서 동시에 거짓이 되는 모순이 발생하죠?

그럼 이 말이 '거짓'이라고 해볼게요. "모든 크레타 인은 거짓말쟁이다."가 거짓이라면, '모든 크레타 인은 정직하다'라는 뜻으로 받아들이게 됩니다. 그런데 만약 모든 크레타인 이 정직하여 참말만 한다면, 에피메니데스의 진술 "모든 크레타 인은 거짓말쟁이다."는 참말이 되어버립니다. 이것 역시 모순이네요! 이렇게 설명하면 이 진술은 참도 거짓도 될 수 없는 딜레마에 빠지게 되는 거죠. 단순한 말장난 같아 보이지만, 사실은 '거짓말쟁이'라는 단어의 정의가 모호하기 때문에 이런 혼란이 생긴 거라고 볼 수도 있어요.

여기 두 번째 모순에 대해서는 다음과 같은 맹점을 지적할 수 있어요. 보통 '거짓말쟁이'란 '거짓말을 많이 하는 사람'을 의미하겠죠? 이것을 부정하면 에피메니데스는 항상 참말만 하는 사람이라고 볼 수 있을까요? 거짓말쟁이가 아니라면 대부분 참말을 하지만 거짓말도 가끔 하는 보통 사람을 의미하는 거로 볼 수 있잖아요. 그렇다면 에피메니데스의 그 진술은 거짓이라고 하더라도 모순까지 발생하는 딜레마는 아닐 것입니다. 이처럼 우리가 사용하는 평범한 언어 표현 속에도 복잡한 논리 구조가 숨어있다는 사실, 놀랍지 않나요? 언어의 정확한 의미와 논리 구조를 파악하는 것이 얼마나 중요한지 깨닫게 해주는 역설입니다.

2. 러셀의 역설: 집합론을 흔든 충격

영국의 위대한 수리 철학자 버트런드 러셀은 이런 질문을 던졌습니다. "자기 자신을 원소로 포함하지 않는 모든 집합들을 모아놓은 집합은 존재할까요?" 이 집합을 편의상 'A'라고 불러봅시다. 집합 A는 다시 말해 자신을 원소로 포함하지 않는 모든 집합들을 모아놓은 집합이에요. 자, 이제 고민해 봅시다. 과연 집합 A는 자기 자신을 원소로 포함할까요, 포함하지 않을까요?

만약 집합 A가 자기 자신을 원소로 포함한다고 해봅시다. (A ∈ A).

그런데 집합 A는 원래 '자기 자신을 원소로 포함하지 않는 집합들만 모아놓은 것'이었죠? 그럼 A가 A의 원소라면, A는 자기 자신을 원소로 포함하게 되니, A의 정의에 맞지 않아 A는 A에 속할 수 없게 됩니다. 따라서 모순이 발생하죠!

그럼 반대로 집합 A가 자기 자신을 원소로 포함하지 않는다고 해봅시다. (A ∉ A).

집합 A의 정의는 '자기 자신을 원소로 포함하지 않는 모든 집합들의 집합'이었어요. 그런데 A가 자기 자신을 원소로 포함하지 않는다니, A의 정의에 따르면 A는 A에 속할 자격이 생깁니다. 즉, A가 A의 원소가 되어야 해요. 이것 역시 모순이네요!

결국, 집합 A는 자기 자신을 원소로 포함해도 모순이고, 포함하지 않아도 모순이 됩니다. 마치 어디로 가도 막다른 길인 것 같죠? 러셀의 역설은 우리가 너무나 당연하게 받아들이던 집합의 개념에 심각한 논리적 결함이 있을 수 있음을 보여주었습니다. 이것은 단순히 추상적인 개념이기 때문에 발생한 비현실적 문제일까요? 예를 들어, 다음과 같은 도서관 상황을 생각해 봅시다.

3. 현실 속의 역설: 도서관 목록서 이야기

어느 거대한 도서관에 수많은 책이 있다고 상상해 보세요. 그중에는 도서관에 있는 책들의 목록만 담고 있는 '목록서'들이 있습니다. 어떤 목록서는 자기 자신을 목록에 포함하기도 하고, 어떤 목록서는 자신을 포함하지 않을 수도 있겠죠.

이제 여기서 특별한 목록서 하나를 만들어 봅시다. 이 목록서는 '자기 자신은 목록에 넣지 않은 모든 목록서들만 따로 모아놓은 목록서'입니다. 이 목록서를 'A'라고 부릅시다.

자, 이 목록서 A는 자기 자신을 A의 목록에 언급하고 있을까요?
먼저 목록서 A가 자기 자신을 목록에 언급하고 있다고 해보죠. 그러면 목록서 A는 '자기 자신을 목록에 넣지 않은 목록서들'만 담아야 하는데, 자기 자신을 언급하고 있으니 A의 규칙에 어긋나게 됩니다. 그래서 A는 A의 목록에 들어갈 수 없게 되죠. 모순입니다.
그럼 목록서 A가 자기 자신을 목록에 언급하고 있지 않다고 해보죠. 이 경우 목록서 A는 '자기 자신을 목록에 넣지 않은 목록서들'을 모두 담아야 합니다. A 자신도 자기 자신을 목록에 넣지 않았으니, A는 A 목록에 들어가야 합니다. 이것도 모순이네요!

결국, 목록서 A는 얼핏 생각하면 가능한 책일 것 같은데, 논리적 분석을 해보면 모순을 발생시켜 현실적으로 존재할 수 없는 책이 되어버립니다. 이처럼 러셀의 역설은 추상적인 수학 개념뿐만 아니라, 우리 주변의 논리적 구조 속에서도 비슷한 문제가 발생할 수 있음을 보여주었어요.

4. 역설의 원인과 해결 노력

그렇다면 이런 역설은 왜 발생하는 걸까요? 가장 큰 원인 중 하나는 '자기 지칭(Self-reference)'입니다. 즉, 어떤 문장이나 집합이 자기 자신에 대해 언급할 때는 모순이 생길 가능성이 커지는 것이죠. 자기 지칭을 통해 해당 문장의 참과 거짓, 또는 해당 집합의 원소 구분 정의가 불명확한 혼돈 상태로 빠질 수 있다는 것입니다. 필자의 생각으로는 시간적 관점으로 볼 때 아직 그 정의가 비 결정된 대상을 마치 과거에 이미 결정된 대상인 것처럼 언급하는 불합리한 상황이 이런 역설을 만든 것이라는 생각도 드는데 이건 너무 어려운 이야기인가요?

그렇다면 자기 지칭이 없는 문장이라면 결코 역설이 발생하지 않을까요? 다음 예를 생각해 봅시다.

문장 A : "문장 B는 참이다."
문장 B : "문장 A는 거짓이다."

만약 문장 A가 참이라면, 문장 B는 참이 됩니다. 그런데 문장 B가 참이라면 "문장 A는 거짓이다."가 참이므로, A는 거짓이 되어야 해요. 처음에는 A가 참이라고 했는데 거짓이 되네요.

반대로 문장 A가 거짓이라면, 문장 B는 거짓이 됩니다. 그런데 문장 B가 거짓이라면 "문장 A는 거짓이다."가 거짓이므로, A는 참이 되어야 해요. 처음에는 A가 거짓이라고 했는데 참이 되네요.

이처럼 문장 내에 자기 지칭은 없지만, 어느 쪽으로 가정해도 결국 모순에 빠지고 마는 명백한 역설이 나타날 수 있습니다. 자기 지칭만 금지한다고 이런 역설 문제를 근원적으로 예방할 수 있는 건 아니라는 이야기죠.

러셀은 자신이 발견한 역설에 큰 충격을 받았고 그는 이러한 문제를 해결하기 위해 깊은 고민 끝에 '유형 이론(Theory of Types)'이라는 해결책을 제시하기도 했습니다. 러셀의 유형 이론은 간단히 말해, 논리적 대상들을 여러 '유형'으로 나누고, 낮은 유형의 대상이 높은 유형의 대상을 포함하거나 참조할 수 없도록 제한하는 것입니다. 예를 들어, '개념'을 이야기할 때, '일반적인 개념'은 한 유형이 되고, '그 유형의 모든 개념들을 포괄하는 개념'은 더 높은 유형이 됩니다. 이때, 높은 유형의 개념이 낮은 유형의 개념에 대해 말하는 것은 허용되지만, 반대로 낮은 유형의 개념이 높은 유형의 개념에 대해 말하거나, 자기 자신과 같은 유형의 개념을 직접 참조하는 것은 금지하는 규칙을 만드는 것이죠. 이처럼 유형을 나누고 규칙을 정함으로써, '자기 자신을 원소로 포함하지 않는 모든 집합들의 집합'과 같은 모순적인 진술 자체가 문법적으로 아예 불가능하게 만들자는 것입니다.

이러한 역설을 해결하기 위해 그 밖에도 많은 수학자와 철학자들이 노력했습니다. 그중 아브람 타르스키(Alfred Tarski)는 다음과 같은 '계층 이론(Hierarchy Theory)' 해법을 제시했습니다. 타르스키는 우리가 사용하는 언어를 '대상 언어(Object Language)'와 '메타 언어(Meta Language)'로 구분해야 한다고 말했어요. 쉽게 말해, 어떤 구체적 대상에 관해 이야기하는 언어(대상 언어)와 그런 언어 자체에 관해 이야기하는 언어(메타언어)를 나누는 것이죠.

그는 두 가지 규칙을 제안했습니다.

① "모든 문장은 하나의 특정 차원(0차원 이상)에 속한다."
예를 들어, '책상 위에 연필이 있다'라는 것은 0차원 문장입니다. 세계에 있는 어떤 대상에 대해 직접 말하니까요.

② "주어진 n 차원의 문장은 단지 (n-1) 차원의 문장에 관해서만 이야기할 수 있다."

앞의 문장 A와 B의 예를 다시 가져와 볼까요?

문장 A : "문장 B는 참이다."

문장 B : "문장 A는 거짓이다."

만약 문장 A가 n 차원 문장이라고 가정하면, A는 (n-1) 차원인 문장 B에 관해 이야기해야 합니다. 그런데 문장 B를 보면, 문장 A에 관해 이야기하고 있죠. 그렇다면 문장 B는 문장 A보다 한 차원

높은 (n+1) 차원 문장이 되어야 할 것입니다. 결국, 이 두 문장의 경우 (n-1) 차원인 문장 B가 (n+1) 차원 문장이 되어야 하는 모순이 발생합니다. 타르스키는 이런 경우 문장이 규칙에 어긋나기 때문에 역설이 발생한다고 설명했습니다.

5. 역설, 좌절인가 발전인가?

역설은 수학과 철학의 역사에서 중요한 전환점이 되었습니다. 특히 러셀의 역설은 완벽하다고 생각했던 집합론의 기초를 다시 다지게 했죠. 이러한 역설들을 통해 우리는 집합이 자기 자신을 원소로 포함하는 것을 허용하면 논리적 모순이 발생할 수 있다는 것을 깨닫게 되었고, 현대 집합론에서는 이를 방지하는 공리들을 도입하게 되었습니다.

역설은 우리를 잠시 혼란스럽게 만들지만, 동시에 기존의 생각과 논리 체계를 깊이 들여다보고, 더 탄탄하고 완벽한 시스템을 만들어 나가도록 이끄는 중요한 역할을 합니다. 수학과 논리는 절대 변하지 않는 진리만을 담고 있는 것처럼 보이지만, 사실은 끊임없이 질문하고 반성하며 발전해 나가는 살아있는 학문이라는 것을 배울 수 있습니다. 여러분도 주변의 이야기나 논리 속에서 숨겨진 역설을 찾아보고, 그 안에 담긴 재미있는 논리의 세계를 탐험해 보세요!

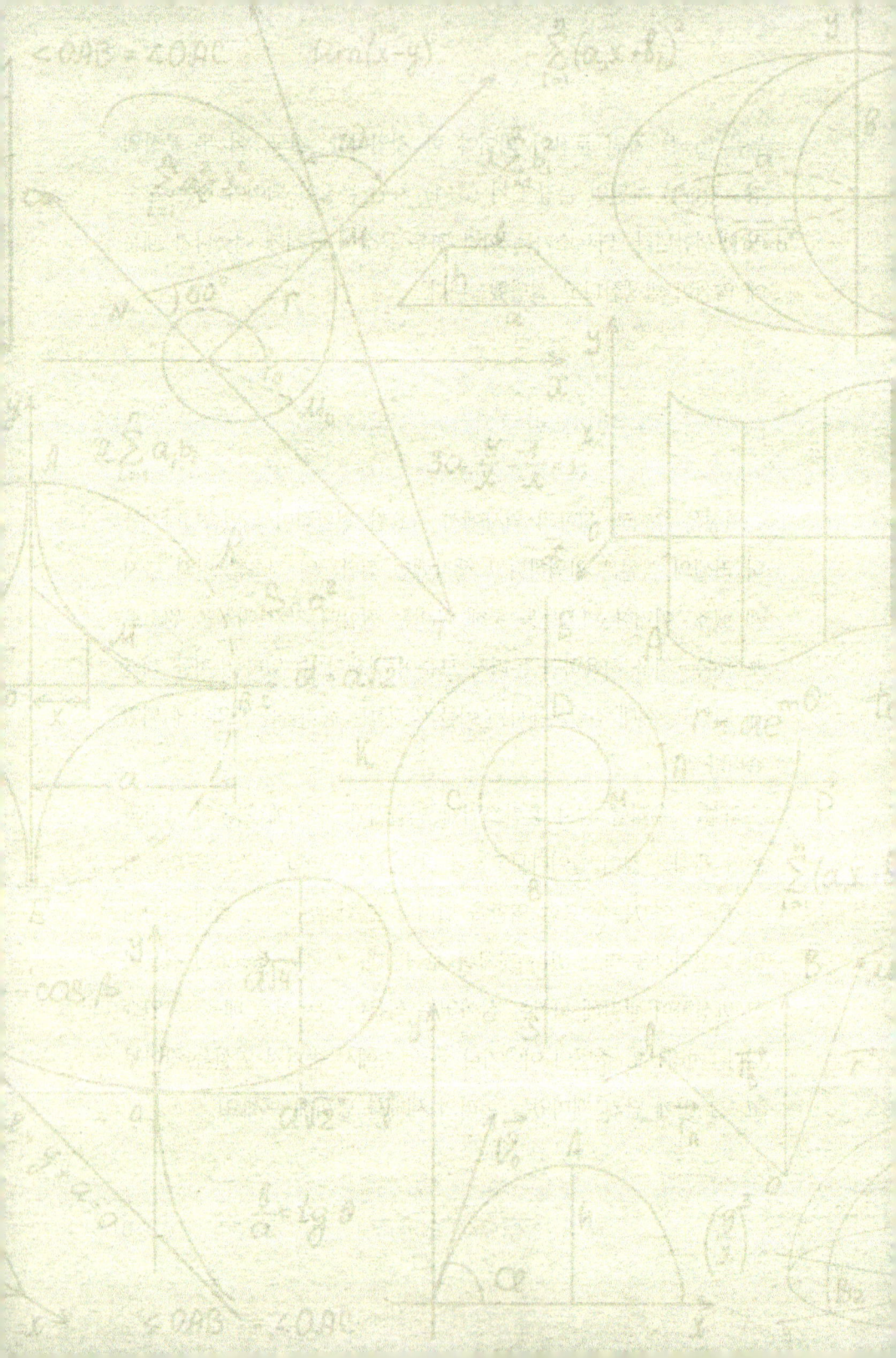

제14장

수학은 기호들로 하는 게임?

수학 철학의 형식주의

힐베르트는 이러한 수학의 규칙 자체를 연구하는 상위 레벨의 수학, 즉 '메타수학(metamathematics)'을 발전시켜, 수학이라는 게임의 규칙집이 모순 없이 완벽하다는 것을 증명하려고 했습니다.

1. 수학, 의미를 지운 체스 게임

 여러분, 체스나 장기를 둘 때를 상상해 보세요. '왕(King)'이나 '마(馬)'라는 이름이 붙어 있긴 하지만, 우리는 그 말이 진짜 왕이나 살아있는 말이라고 생각하지 않습니다. 그것들은 단지 정해진 규칙에 따라 움직이는 나무나 플라스틱 조각일 뿐이죠. 왕은 한 칸씩만 움직일 수 있고, 말은 L자 형태로 움직인다는 '규칙'이 그들의 정체성을 결정합니다. 그 말에 어떤 심오한 의미가 있는지는 중요하지 않습니다. 중요한 것은 오직 규칙 안에서 승리하는 것이죠.

만약 수학 전체가 이런 거대한 체스 게임과 같다면 어떨까요? 숫자나 공식에 우리가 부여했던 모든 의미, 즉 '숫자 2'가 사과 두 개를 의미한다거나, '원'이 둥근 모양을 의미한다는 생각을 전부 지워버리는 겁니다. 그리고 수학을, 정해진 공리(규칙)에 따라 의미 없는 기호들을 조작하는 하나의 '형식적인 게임'으로만 바라보는 것이죠.

이것이 바로 20세기 초, 수학의 기초를 구원하기 위해 등장한 강력한 철학, '형식주의(Formalism)'의 핵심 아이디어입니다. 지난 장에서 우리는 무한집합이 낳은 역설 때문에 논리주의의 낙원이 무너지는 것을 보았습니다. 형식주의는 바로 이 혼돈 속에서 수학의 확실성을 되찾기 위해 독일의 위대한 수학자 다비트 힐베르트(David Hilbert)가 제시한 대담하고 새로운 해결책이었습니다.

2. 위기 속의 구원투수, 힐베르트의 등장

제14장 수학은 기호들로 하는 게임? 수학 철학의 형식주의

20세기 초의 수학계는 그야말로 대혼란기였습니다. 논리주의 진영 프레게와 러셀이 야심 차게 건설하던 '수학=논리' 제국은 '러셀의 역설'이라는 내부의 폭탄으로 인해 기초부터 흔들리고 있었습니다. 브라우어 같은 직관주의자들은 "실제무한 같은 허구를 버리고 인간의 직관으로 돌아가자!"라고 외쳤지만, 그들의 주장은 기존 수학의 풍부한 성과들을 너무 많이 버려야 한다는 비판을 받았습니다.

이때, 당대 최고의 수학자였던 힐베르트가 구원투수로 등판합니다. 그는 논리주의자들처럼 수학과 논리가 깊은 관계가 있다는 점은 인정했지만, 그들의 플라톤식 실재론에는 동의하지 않았습니다. 또한, 직관주의자들처럼 수학의 기초가 직관에서 출발한다는 점은 수긍했지만, 수학 전체를 주관적인 정신 활동으로만 묶어두려는 시도에는 반대했죠.

힐베르트는 생각했습니다. "이 모든 혼란은 수학적 대상의 '의미'나 '존재'를 따지기 때문에 벌어진 것이다. 그렇다면 아예 의미와 존재를 지워버리면 어떨까? 수학을 의미 없는 기호들의 형식적이고 정밀한 조작 활동으로만 본다면, 역설이 끼어들 틈이 없을 것이다!" 이것이 바로 형식주의의 대담한 출발이었습니다.

3. 형식주의의 규칙: 의미는 없고 일관성만 있을 뿐

힐베르트의 형식주의 세계에서 수학은 다음과 같은 규칙을 따르는 게임입니다.

① 수학은 '기호들의 조작 활동'이다 : 수학자들이 하는 일은 구체적인 대상들을 다루는 것이 아니라, 그 대상들을 대체하는 '기'들을 가지고 노는 것입니다. '1', '+', '=' 같은 기호들은 더 사과 한 개나 덧셈이라는 의미를 갖지 않습니다. 그저 규칙에 따라 움직일 수 있는 게임의 말일 뿐입니다. 그리고 그 기호들의 명칭은 '의자', '꽃', '지우개' 등 아무렇게나 정해도 수학은 가능하다는 것입니다.

② 수학은 일종의 '허구주의'이다 : 힐베르트는 수학이 구체적인 실재에 관한 학문이 아니라는 점에서 일종의 허구주의적 관점을 취했습니다. 수학은 현실 세계를 묘사하는 것이 아니라, 그 자체로 완결된 하나의 가상 세계를 만드는 것과 같습니다. 수학이란 '만약 … 이면 … 이다'에 관한 가상적 조건 상황에서 따라오는 내용을 연구하는 활동으로 볼 수 있겠죠.
이런 관점을 'if-then-ism'이라고 표현하기도 합니다.

③ 가장 중요한 황금률, '무모순성(일관성)' : 의미를 지운 게임에서 가장 중요한 규칙은 무엇일까요? 바로 '게임 규칙들 사이에 서로 충돌이 일어나지 않아야 한다.'라는 것입니다. 게임을 하다가 어떤 규칙에 따르면 '왕이 죽었다'는 결론이 나오는데, 다른 규칙에 따르면 '왕은 살아있다'라는 결론이 나온다면 그 게임은 더 진행할 수 없겠죠. 힐베르트는 수학 체계의 '무모순성' 또는 '일관성' 이야말로 수학의 진리성을 보장하는 유일한 기준이라고 보았습니다.

힐베르트는 이러한 수학의 규칙 자체를 연구하는 상위 레벨의 수학, 즉 '메타수학(metamathematics)'을 발전시켜, 수학이라는 게임의 규칙집이 모순 없이 완벽하다는 것을 증명하려고 했습니다.

4. 무한, 위험하지만 유용한 도구

그렇다면 형식주의는 무한집합의 역설을 낳았던 '무한'을 어떻게 다룰까요? 버릴까요, 아니면 받아들일까요?

힐베르트의 대답은 아주 실용적이었습니다. 그는 브라우어처럼 무한을 완전히 버리지는 않았습니다. 왜냐하면, 무리수, 복소수, 무한집합 같은 개념들이 수학 이론을 훨씬 더 단순하고 통일적으로 만드는 데 엄청난 도움이 된다는 것을 알고 있었기 때문이죠. 대신, 그는 무한과 같은 비경험적 개념들에게 완전한 '존재론적 지위'를 주지 않았습니다. 즉, 무한히 '진짜로 존재한다.'라는 차원에서 믿는 것이 아니라, 수학이라는 게임을 더 편리하게 만들어주는 '이상적인 도구(ideal element)' 또는 유용한 '허구적 장치'로만 받아들인 것입니다.

이는 마치 건축가가 실제로는 존재하지 않는 '무게중심'이라는 가상의 점을 이용하여 건물을 안정적으로 설계하는 것과 같습니다. 무게중심은 눈에 보이지도 않고 실재하지도 않지만, 그것을 가정하면 계산이 훨씬 편리해지죠. 힐베르트에게 '무한'도 이와 같았습니다. 단, 그 유용한 도구를 사용한 결과가 수학 체계 전체에 모순을 일으키지만 않는다면 얼마든지 사용할 수 있다는 것이 그의 입장이었습니다.

5. 가상 게임이 현실 세계에 들어맞는 이유

여기서 한 가지 중요한 질문이 생깁니다. 만약 수학이 현실과 동떨어진 의미 없는 기호 게임이라면, 어떻게 그 수학이 물리학이나 공학에 적용되어 현실의 다리를 놓고 우주선을 쏘아 올릴 수 있을까요?

힐베르트는 이 문제를 '브릿지 원리(bridge principles)'라는 개념으로 설명했습니다. 이것은 수학이라는 순수한 형식 세계와 현실 세계의 의미 있는 진술을 서로 연결해주는 '다리'가 있다는 생각입니다. 특히 응용수학에서는 현실 세계의 문제를 수학적 문제로 가져와서 ('수학적 모델링') 수학 문제를 푸는 방식으로 현실 문제를 해결하죠.

- 수학적 모델링의 과정 (형식주의 관점) :

(현실 문제) "사과 2개와 사과 3개를 합치면 몇 개가 될까?"
(다리 연결) 현실의 사과들을 수학의 기호 '2', '3', '+'로 변환한다.
(기호 게임) 수학의 형식적 규칙에 따라 '2+3=5'라는 기호 조작을 수행한다.
(다리 연결) 게임의 결과인 기호 '5'를 다시 현실 세계의 의미("사과 5개")로 해석하여 가져온다.

이처럼 형식주의에게 응용수학이란, 순수한 수학 게임의 어떤 형식과 현실 세계의 진술이 서로 연결되는 다리를 찾아 성공적으로 건너는 과정입니다.

6. 형식주의의 꿈을 무너뜨린 괴델의 일격

힐베르트의 형식주의 프로그램은 수학을 모순이 없는 완벽하고 완전한 체계로 만들려는, 수학의 확실성을 되찾기 위한 위대한 꿈이었습니다. 그는 이 프로그램을 통해 "수학에는 풀리지 않는 문제란 없다"라고 선언할 정도로 자신감이 넘쳤습니다.

하지만 1931년 젊은 수학자 쿠르트 괴델이 발표한 '불완전성 정리'는 이 위대한 꿈에 치명타를 날렸습니다. 괴델은 "모순이 없는 수학 체계 안에는, '참이지만 그 체계 안에서는 증명할 수 없는' 명제가 반드시 존재한다."라는 것을 증명해버렸죠. 이것은 힐베르트의 꿈, 즉 수학을 '완전한' 형식 체계로 만들려는 시도가 원리적으로 불가능하다는 것을 의미했습니다. 형식주의는 괴델의 이 정리로 인해 그 체계의 완전성 구축 문제와 관련하여 큰 도전을 받게 되었고, 수학의 확실성을 향한 여정은 다시 한번 미궁 속으로 빠져들게 됩니다.

형식주의는 수학을 역설의 위기에서 구출하려는 대담하고 독창적인 시도였습니다. 비록 그 꿈이 완벽하게 이루어지지는 못했지만, 수학의 구조를 형식적인 체계로 바라보는 그 관점은 현대 수학과 컴퓨터 과학의 발전에 지대한 영향을 미쳤다고 보아야 할 것입니다.

철학자 프로필 8

다비트 힐베르트 (David Hilbert)

- **별명** : 수학 게임의 그랜드마스터

"수학적 대상이 진짜 있냐고? 그건 중요하지 않아! 수학은 모순 없는 규칙에 따라 기호를 조작하는 완벽한 게임일 뿐이야."

- **수학의 본질은?** 수학은 의미를 따지는 학문이 아니라, 정해진 공리(규칙)에 따라 의미 없는 기호들을 조작하는 하나의 '형식적인 게임'과 같아. 마치 체스 게임과도 같은 거지.
- **가장 중요한 규칙** 이 게임에서 가장 중요한 황금률은 '무모순성(일관성)'이야. 게임 규칙들끼리 서로 충돌하지 않는다면, 그 수학은 진리성을 보장받을 수 있지.
- **핵심 주장 (힐베르트의 프로그램)** 수학에 존재하는 모든 참인 명제는 반드시 증명될 수 있으며(완전성), 모순이 없는(일관성) 완벽한 하나의 형식 체계를 만들 수 있다고 믿었어. "수학에는 풀리지 않는 문제란 없다"라는 위대한 꿈이었지. 하지만 이 꿈은 쿠르트 괴델이 발표한 '불완전성 정리'에 의해 원리적으로 불가능하다는 것이 입증되었어.

제15장

수학은 완전한 진리일까?

괴델과 튜링

괴델과 튜링의 유산은 우리에게 명확한 답을 주지 않았습니다. 오히려 그들은 수학, 논리, 계산, 그리고 인간 지성의 세계가 우리가 생각했던 것보다 훨씬 더 신비롭고, 깊으며, 놀라운 한계와 가능성을 동시에 품고 있음을 보여주었습니다.

1. 모든 것을 증명하는 '진리 기계'의 꿈

20세기 초, 수학계는 거대한 꿈에 부풀어 있었습니다. 그 꿈의 중심에는 지난 장에서 살펴본 위대한 수학자 다비트 힐베르트가 있었죠. 그는 수학의 모든 규칙을 명확하게 정리하여, 모순이 절대로 발생하지 않는(일관성), 그리고 그 안의 모든 참인 명제는 반드시 증명해낼 수 있는(완전성) 궁극의 '형식 체계'를 만들 수 있다고 믿었습니다. 그런데 이것은 마치 모든 가능한 수학 문제를 풀어내는 만능 '진리 기계'를 만드는 것과 같았습니다. 어떤 어려운 문제라도 이 기계에 넣으면, 정해진 규칙에 따라 계산하여 '참' 또는 '거짓'이라는 답을 반드시 내놓는다는 완벽한 시스템. 만약 이 꿈이 이루어진다면 수학의 기초는 반석 위에 놓이고, 수학의 확실성은 영원히 보장될 터였습니다.

하지만 바로 그 꿈이 최고조에 달했을 때, 쿠르트 괴델이라는 젊은 천재가 나타나 그 꿈의 심장에 비수를 꽂았던 것입니다. 그는 힐베르트의 '완전성'이라는 가설이 이루어질 수 없는 꿈이라는 것을 논리적으로 증명해냈고, 이 괴델의 '불완전성 정리' 발표는 당시 수학계에 엄청난 충격을 안겨주었습니다. 그렇다면 이 정리는 과연 어떤 것이었을까요?

2. 괴델의 일격: "이 문장은 증명될 수 없다"

괴델의 증명은 매우 정교했지만, 그 핵심 아이디어는 마치 러셀의 역설처럼 교묘한 '자기 지시(self-reference)' 문장에서 출발합니다. 바로 다음과 같은 의미가 있는 명제 P를 수학적으로 만들어낸 것이죠.

명제 P = "이 명제 P는 증명될 수 없다."

자, 이제 이 문장이 참인지 거짓인지 따져봅시다. 만약 명제 P가 '거짓'이라고 가정하면? P의 내용("P는 증명될 수 없다")이 거짓이므로, "P는 증명될 수 있다."라는 말이 됩니다. 그런데 수학적으로 증명되었다면 p는 분명히 참이어야 하죠. 따라서 '거짓인 P가 참이라는 증명이 가능하다'라는 것은 모순입니다. 이 수학 체계에 일관성이 있다면(모순이 없다면), P는 결코 거짓이 될 수 없습니다.

그렇다면 명제 P는 '참'일 수밖에 없겠죠! P가 거짓이 아니므로, P는 반드시 참이어야 한다는 겁니다. 그런데 P의 내용은 무엇이었죠? 바로 "P는 증명될 수 없다"입니다. 결국, 우리는 놀라운 결론에 도달합니다. 명제 P는 '참'이지만, 동시에 '증명될 수는 없는' 문장입니다. 이것이 바로 괴델의 '제1 불완전성 정리'의 핵심입니다. 그는 '괴델 수'라는 혁명적인 아이디어를 통해, 이런 의미의 자기 지시적인 문장이 단순한 말장난이 아니라 실제 산술 체계 안에 존재한다는 것을 수학적으로 증명해냈습니다.

제 1. 불완전성 정리 : 산술을 포함하는 모순 없는 수학 체계 안에는, 참이지만 그 체계 안에서는 증명할 수 없는 명제가 반드시 존재한다.

여기서 끝이 아닙니다. 괴델은 한 걸음 더 나아가 '제2 불완전성 정리'를 증명합니다.

제 2. 불완전성 정리 : 어떤 수학 체계가 '모순이 없다(일관적이다)'라는 사실 자체는, 그 수학 체계 내부의 규칙만으로는 결코 증명할 수 없다.

만약 어떤 체계가 자기 자신의 무모순성을 증명할 수 있다고 가정하면, 그 증명을 통해 아까의 명제 P가 참이라는 것까지 증명할 수 있어야 합니다. 하지만 P는 그 내용상 증명이 불가능한 문장이므로, 또다시 모순이 발생하기 때문이죠. 결국, 힐베르트가 그토록 원했던 '수학 체계의 완벽함(일관성+완전성)'을 증명하려던 시도는 원천적으로 불가능하다는 것이 밝혀진 것입니다.

3. 튜링의 등장과 기계의 한계

괴델의 충격적인 증명은 영국 케임브리지의 한 젊은 수학도에게 깊은 영감을 주었습니다. 그의 이름은 앨런 튜링(Alan Turing). 그는 1935년, 괴델의 증명을 배우고는 '기계의 계산'이라는 관점에서 이 문제를 풀어낼 아이디어를 떠올렸습니다. 그리고 1936년, 20세기 가장 중요한 논문 중 하나를 발표하게 되죠.

그의 아이디어는 '계산하는 기계'라는 구체적인 모델에서 출발했습니다. 바로 역사적인 '튜링 머신(Turing Machine)'의 등장이었죠. 이것은 '상태, 테이프, 규칙표, 기호' 등으로 이루어진 아주 단순한 가상의 기계로, 인간이 기계적으로 할 수 있는 모든 종류의 계산 절차를 흉내 낼 수 있는 모델이었습니다. 우리가 지금 사용하는 모든 컴퓨터는 사실이 튜링 기계의 원리를 구현한 '만능 튜링 머신'이라고 할 수 있습니다. 튜링은 이 기계에 관한 사고실험을 통해 괴델과 비슷한 결론에 도달합니다. 그는 다음과 같은 튜링 기계의 '정지 문제(Halting Problem)'라는 유명한 문제에 대하여 귀류법을 사용했습니다.

튜링의 정지 문제 :

"어떤 프로그램(튜링 기계)과 그 입력값이 주어졌을 때, 이 프로그램이 계산을 끝내고 '멈출지(halt)', 아니면 '영원히 계속 실행될지'를 미리 판별해주는 궁극의 프로그램(기계)을 만들 수 있을까?"

튜링은 이런 '정지 문제 해결사' 기계가 존재한다고 가정했습니다. 그리고 흥미롭게도 여기서 칸토어의 '대각선 논법' 기술을 사용했죠. 그는 모든 가능한 프로그램을 순서대로 세로로 나열한 목록을 상상한 뒤, 그 목록에 없는 새로운 프로그램을 만들어냈습니다. 이 새로운 프로그램은 가로로 나열된 외부 테이프의 입력 데이터 조건들에 대해 '정지 문제 해결사'가 기존 프로그램들에 대해 내놓는 예측과 다르게 작동하도록 설계되었죠. 그 결과, 이 교활한 새 프로그램은

'모든 프로그램의 목록' 안에 절대로 존재할 수 없다는 모순이 발생합니다. 결론은 하나입니다. 맨 처음의 가정, 즉 '정지 문제 해결사' 기계가 존재한다는 가정이 틀린 것입니다. 즉, 어떤 프로그램이든 멈출지 아닐지를 완벽하게 판별하는 것은 기계적으로 불가능하다는 것이죠.

이는 괴델의 정리와 맥을 같이 합니다. 수학에는 '참'이지만 기계적인 절차(증명)로는 도달할 수 없는 명제가 존재하며, 컴퓨터 과학에는 '답이 존재하지만' 기계적인 절차(알고리즘)로는 풀 수 없는 문제가 존재할 수 있다는 것입니다. 즉, 논리와 계산의 세계에는 명백한 '한계'가 있다는 사실을 두 천재가 각각 다른 방식으로 증명해낸 것입니다.

괴델과 튜링의 유산은 우리에게 명확한 답을 주지 않았습니다. 오히려 그들은 수학, 논리, 계산, 그리고 인간 지성의 세계가 우리가 생각했던 것보다 훨씬 더 신비롭고, 깊으며, 놀라운 한계와 가능성을 동시에 품고 있음을 보여주었습니다. 완벽한 진리 기계의 꿈은 좌절되었지만, 그 덕분에 우리는 우리 자신에 대한 더욱 깊은 철학적 탐구를 시작하게 된 것입니다.

철학자 프로필 9

쿠르트 괴델 (Kurt Gödel)

- 별명 : 완벽함에 비수를 꽂은 논리학자

"수학이 아무리 위대해도, 그 안에는 '참이지만 증명 불가능한 문장'이 반드시 존재해. 심지어 수학 스스로 '나는 모순이 없다'라는 사실조차 증명할 수 없지."

- 수학계의 꿈 : 20세기 초, 수학자 힐베르트는 수학을 모순이 없고 모든 참인 명제를 증명할 수 있는 '완전한 형식 체계'로 만들 꿈에 부풀어 있었어.
- 괴델의 일격 : 하지만 1931년, 이 꿈이 실제는 불가능하다는 것을 논리적으로 증명해버렸지.
- 핵심 주장 (불완전성 정리)

제 1 정리 : 산술을 포함하는 모순 없는 수학 체계라면, 그 안에는 '참이지만 증명은 불가능한' 명제가 반드시 존재해. "이 문장은 증명될 수 없다"와 같은 교묘한 자기 지시 문장을 통해 이를 증명할 수 있지.

제 2 정리 : 어떤 수학 체계가 '모순이 없다(일관적이다)'라는 사실 자체는, 그 수학 체계 내부의 규칙만으로는 결코 증명할 수 없어.

철학자 프로필 10

앨런 튜링 (Alan Turing)

- **별명 : 컴퓨터의 아버지, 기계의 한계를 묻는다**

"모든 계산을 할 수 있는 기계를 상상해봤어. 하지만 그런 기계조차도 '스스로 멈출지 아닐지'라는 영원히 계산할 수 없다는 걸 알아냈지. 이게 바로 계산의 한계야."

- **튜링 머신** 인간이 기계적으로 할 수 있는 모든 종류의 계산을 흉내 내는 가상의 기계, '튜링 머신'을 고안했어. 오늘날 모든 컴퓨터는 이 튜링 머신의 원리를 구현한 것이라고 할 수 있을 거야.
- **계산의 한계 (정지 문제)** "어떤 프로그램이 계산을 끝내고 멈출지, 아니면 영원히 계속될지를 미리 완벽하게 판별해주는 궁극의 프로그램을 만들 수 있을까?"라는 '정지 문제'를 제기했어. 그리고 그런 프로그램은 원리적으로 불가능하다는 것을 증명했지. 이는 기계적 계산의 명백한 한계를 보여주는 거야.

제16장

신직관주의

배중률 문제, 수학적 진리 개념

수학은 현실 세계에 대한 직관에서 출발하지만, 현대 추상 수학은 거기에 항상 얽매이지만은 않습니다. 수학의 진짜 위대함은 인간 정신의 자유로운 사유와 창조성을 통해 비직관적인 세계까지 탐험하고, 그 안에서 새로운 질서와 아름다움을 발견하는 데 있는 것이 아닐까요?

1. 수학의 본질을 찾는 세 개의 팀

수학이라는 거대한 세계를 이해하기 위한 세 개의 수학 철학 팀이 어떤 생각을 가졌는지 다시 한번 정리해 보겠습니다.

- 논리주의 팀(Logicism) : "수학은 논리의 결정체!" 이 팀의 대표 주자인 프레게 같은 철학자는 "수학은 결국 논리학의 한 분야일 뿐이다"라고 보았어요. 우리가 논리적으로 생각하는 규칙들을 아주 정교하고 깊게 파고들면, 거기서 수학이 자연스럽게 나온다는 생각이었죠. 마치 언어의 문법을 끝까지 파고들면 위대한 문학이 나오는 것처럼요.

- 형식주의 팀(Formalism) : "수학은 규칙이 전부인 게임!" 힐베르트 같은 수학자가 이 팀의 주장이었습니다. 그는 수학을 일종의 체스 게임처럼 봤어요. 정해진 규칙(공리)과 기호(말)들을 가지고 조작하는 활동이라는 거죠. 이 게임의 목표는 '모순' 없이, 즉 규칙을 어기지 않고 일관성을 유지하는 것입니다. 기호들이 현실에서 무엇을 의미하는지보다, 그 기호들을 다루는 형식과 규칙이 더 중요하다고 본 거예요.

- 직관주의 팀(Intuitionism) : "수학은 우리 마음속의 창조물!" 칸트

라는 위대한 철학자에게서 시작해 브라우어가 발전시킨 이 팀은 수학이 인간의 정신적 활동이라고 생각했습니다. 수학적 대상은 우리가 마음속에서 직접 '구성'할 수 있을 때만 의미가 있다는 거죠. 마치 레고 블록을 하나하나 쌓아 원하는 모양을 만드는 것처럼, 수학적 증명도 우리의 직관으로 명확하게 상상하고 구성할 수 있는 단계들로 이루어져야 한다고 주장했어요.

2. 직관주의의 슈퍼스타, 브라우어의 등장

20세기 초, 논리주의와 형식주의가 칸토어의 '집합론'에서 터져 나온 역설 문제나 괴델의 '불완전성 정리' 같은 문제로 큰 충격을 받았을 때, 혜성처럼 등장한 인물이 바로 브라우어(Brouwer)입니다. 그는 "문제의 원인은 바로 당신들이 허구적인 개념을 사용했기 때문이다!"라고 외치며 칸트의 직관주의를 새롭게 부활시켰어요. 이것이 바로 '신직관주의(Neo-intuitionism)'입니다.

제16장 신직관주의: 배중률 문제, 수학적 진리 개념

브라우어의 핵심 주장은 다음과 같았습니다.

1. **수학은 정신의 창조물이다.** : 수학은 언어나 논리와는 독립된 우리 마음속 활동입니다. 그리고 수학적 진리는 우리가 머릿속에서 명확하게 구성하고 증명할 수 있을 때만 참이라고 말할 수 있다는 것입니다.

2. **가장 근본적인 직관은 '시간'이다** : 브라우어는 직관을 중시했지만, 칸트가 중요히 생각했던 '공간'에 대한 직관은 믿을 수 없다고 봤어요. 비유클리드 기하학의 등장으로 우리가 직관적으로 상상하는 공간이 유일한 진리가 아니라는 게 밝혀졌기 때문이죠. 대신 그는 시간이 흐르는 감각, 즉 한순간이 지나고 다음 순간이 오는 것을 인식하는 시간적 내적 직관이 모든 수학의 근원이라고 생각했어요. 숫자 1, 2, 3… 이라는 개념도 바로 이 시간적 직관에서 나온다고 본 것이죠.

3. **'실제 무한'은 허구다** : 이것이 브라우어의 가장 중요하고 논쟁적인 주장이었습니다. 그는 수학에서 무한을 다루는 방식에 큰 문제가 있다고 주장했어요.

3. 세상을 뒤흔든 논쟁: '무한'은 진짜 존재하는가?

여러분, '무한'에 대해 어떻게 생각하나요? 끝없이 숫자를 세는 과정(1, 2, 3, ...)은 상상할 수 있죠? 이것을 '잠재적 무한(potential infinity)'이라고 합니다. 브라우어를 포함한 많은 수학자들은 이것은 인정했어요.

하지만 칸토어 같은 수학자들은 한 걸음 더 나아갔습니다. 그는 모든 자연수를 하나의 '완성된 묶음'이나 '집합'으로 다루기 시작했어요. 이것이 바로 '실제 무한(actual infinity)'입니다. 그는 심지어 무한에도 여러 가지 크기가 있다는 것을 증명하며 수학계를 뒤흔들었죠.

브라우어는 이 '실제 무한' 개념을 격렬하게 거부했습니다. 왜냐하면, 그의 기준에 따르면, 우리는 '끝이 없는 모든 자연수'를 마음속에서 한 번에 '구성'하거나 상상할 수 없기 때문입니다. 그것은 인간의 유한한 직관을 넘어서는 영역이며, 따라서 수학적 대상으로 인정해서는 안 된다고 주장했죠. 그는 수학이 유한한 방식으로만 이루어져야 한다고 믿는 '유한주의자(finitist)'였습니다.

바로 이 '실제 무한' 개념 때문에 고전 논리의 핵심 법칙 중 하나가 흔들린다고 브라우어는 생각했습니다. 그 법칙이 바로 '배중률'입니다.

4. 브라우어의 필살기: "배중률은 틀렸다!"

앞에서 많은 설명을 했지만 '배중률(Law of the Excluded Middle)'이란 아주 간단한 원리입니다. 어떤 주장이든 "참이거나 거짓이거나, 둘 중 하나"라는 뜻이죠. "내일 해는 뜬다."와 "내일 해는 뜨지 않는다." 중 하나는 반드시 진리여야 합니다. 중간은 없죠(excluded middle). 너무나 당연해 보이죠? 하지만 브라우어는 이 당연해 보이는 법칙에 의문을 제기합니다. 특히 '무한'이 끼어들면 문제가 생긴다고 말이죠. 그는 이런 예시를 들었습니다.

- 골드바흐의 추측 : "2보다 큰 모든 짝수는 두 소수의 합으로 표현할 수 있다."
- 원주율(π) 문제 : "무리수인 원주율의 소수점 아래 숫자 배열 어딘가에 0123456789가 연속으로 나타난다."

자, 이제 배중률을 적용해 봅시다. "골드바흐의 추측은 참이거나, 또는 참이 아니다(거짓이다)." 브라우어는 우리의 상식과는 달리 이 문장은 항상 참이라고 말할 수 없다고 주장했습니다. 왜냐하면, 20세기 초 당시에는 골드바흐 추측이 참이라는 증명도, 거짓이라는 반증(예 : 두 소수의 합으로 표현되지 않는 짝수를 찾는 것)도 없었기 때문입니다. 직관주의자에게 수학적 '참'이란 '증명 가능함'을 의미합니다. 그런데 어느 쪽도 증명할 방법이 없는 상태에서, 둘 중 하나가 반드시 참이라고 선언하는 것은 지적으로 정직하지 않다고 본 것이죠.

원주율 문제도 마찬가지입니다. "무리수인 원주율의 소수점 아래 숫자 배열 어딘가에 0123456789가 연속으로 나타나거나 아니면 어디에서든 나타나지 않는다."라는 배중률 표현은 참이라고 말할 수 있을까요? 지금은 컴퓨터 계산을 통해 그런 경우가 여러 번 나타난다는 것이 밝혀져 있지만, 브라우어 시대에는 어느 쪽이 참인지 알 수가 없었습니다. 만일 원주율을 아무리 계산했는데도 저 숫자 배열이 나오지 않았다고 해도 앞으로도 영원히 나오지 않을 것이라고 단정할 수도 없죠. 어차피 무한한 계산은 현실적으로 불가능하니까요. 이런 이유로 브라우어는 배중률 같은 논리 법칙은 우리가 그 진리성을 하나하나 확인할 수 있는 '유한한' 대상에만 사용해야 하며, '무한한' 대상에 함부로 적용해서는 안 된다고 주장했던 것입니다.

5. 브라우어의 주장에 대한 필자의 비판 의견

브라우어의 주장은 매우 강력했고, 많은 논쟁을 낳았습니다. 일단 필자는 배중률 문제에 대해서는 다음과 같은 두 종류의 배중률로 구분해서 생각해 보면 어떨까 싶네요.

1. 논리적 배중률 : 어떤 문장 A가 '명제'(참 또는 거짓이 명확히 구분되는 문장)일 때, "A는 참이거나, 또는 A는 거짓이다."라는 논리적 배중률로 항상 참일 것입니다. A가 참, 거짓을 구분할 수 없는 애매한 진술이라면 A는 애초에 논리 명제 자체가 아니기 때문이죠.

2. **언어적 배중률** : 그 언어적 의미상 양자 간에 겹치는 중간이 있을 수 없는 경우입니다. 그렇다면, 이 경우는 항상 참으로 받아들여야 하지 않을까요? 어떤 문장 A에 대해, "A가 참이거나, 또는 A를 참이라고 말할 수 없다"라는 표현을 봅시다. 설사 A가 참도 아니고 거짓도 아닌 중간 지대가 있는 경우엔 A가 참이 아니라면 "A를 참이라고 말할 수 없다"가 맞는 표현일 것입니다. 따라서 이런 표현은 참으로 간주해도 되지 않을까 하는 생각이 듭니다.

이를테면, "지금 화성에 금도끼가 있다"라는 문장에 대해 생각해 봅시다. 이 문장의 참/거짓을 지금 당장 알 수는 없습니다. 그 진리 값이 불분명하므로 이를 참/거짓이 있는 논리 명제로 볼 수는 없겠죠. 하지만 "화성에 금도끼가 있거나, 또는 없다."라는 말 자체는 그 의미상 중간 지대가 없으므로 언어적 배중률로 간주하여 참이라고 해도 되지 않을까요? 여러분의 생각은 어떠신가요?

6. 끝나지 않은 논쟁 : 수학적 진리란 무엇인가? (덤밋 vs 프라위츠)

브라우어가 던진 "수학적 진리란 무엇인가?"라는 질문은 현대 철학자들의 격렬한 논쟁거리가 되었습니다. 대표적으로 덤밋과 프라위츠라는 두 철학자가 이 문제에 대해 대조적 주장을 펼쳤죠.

덤밋의 주관적 진리 개념 : "어떤 수학적 명제는 우리가 그것을 증명할 방법을 알고 있을 때만 참이다."

이 입장에 따르면, 앤드루 와일스가 증명하기 전인 1900년에는 "페르마의 마지막 정리"는 참인 명제가 아니었습니다. 왜냐하면, 당시 인류는 그것을 증명할 방법을 몰랐으니까요. 진리가 우리의 인식 능력과 '시간'에 따라 변할 수 있다고 보는 셈입니다. 하지만 덤밋은 아무리 큰 N에 대해서도 "N은 소수 또는 합성수이다."라는 배중률 표현은 어느 쪽인지 아직 확인이 없더라도 우리는 그것을(유한한 수) 검증하는 절차(나눗셈 확인 과정)를 알고 있으므로 참으로 받아들일 수 있다고 살짝 물러섰습니다. 이런 태도를 '약한' 주관적 진리 개념이라고도 하죠.

프라위츠의 객관적 진리 개념 : "어떤 명제는 우리가 구체적 증명법을 모르더라도, 그 증명이 (추상적으로) 존재하기만 한다면 시제와 상관없이 참이다."

이 입장에 따르면, "페르마의 마지막 정리"는 1900년에도, 심지어 페르마가 살던 시대에도 이미 참이었습니다. 인간이 그것을 발견했든 못했든 상관없이 말이죠. 진리는 인간의 인식과 무관하게 '객관적으로' 존재한다고 보는 것입니다.

페르마의 정리 같은 개별 명제의 진리성은 수학적 증명이 이루어진 시점에서야 확립된다는 덤밋의 관점은 공감이 갑니다. 하지만 "골드바흐 추측은 참이거나 거짓이다"와 같은 문장은 어떨까요? 아직 어느 쪽도 증명이 되지 않았고 그 검증 절차도 모르므로 이 문장은 아직 참으로 받아들일 수 없다는 덤밋 주장에 공감이 가시나요? 아니면 아직은 어느 쪽인지 알 수 없고 그 검증법도 모르지만, 그 문장의 의미상 궁극적으로 참이 될 수밖에 없는 표현이라는 프라위츠의 주장에 더 공감이 가시나요? 여러분은 누구의 손을 들어주고 싶으신가요?

7. 직관주의에 대한 필자의 생각:
수학, 자유로운 정신의 위대한 탐험

필자의 생각에는 신직관주의에서의 유한주의와 배중률 거부는 추상 수학의 발전에 심한 제약을 가할 수 있다고 봅니다. 우리가 직관적으로 상상하기 어려운 비유클리드 기하학이나 허수 같은 개념들이 오늘날 현대 과학기술을 이끄는 것을 보면 알 수 있죠. 실제 무한에 대한 추상적인 수학 이론들 역시 수많은 수학 분야에서 매우 유용하게 사용되고 있습니다.

수학은 현실 세계에 대한 직관에서 출발하지만, 현대 추상 수학은 거기에 항상 얽매이지만은 않습니다. 수학의 진짜 위대함은 인간 정신의 자유로운 사유와 창조성을 통해 비직관적인 세계까지 탐험하고, 그 안에서 새로운 질서와 아름다움을 발견하는 데 있는 것이 아닐까요? 그래도 브라우어의 도전은 역설적으로 우리에게 수학 이론의 토대를 더 깊이 생각하게 했고, 그 결과 우리에게 수학이라는 세계가 얼마나 더 넓고 자유로운지를 깨닫게 해준 측면도 있습니다.

철학자 프로필 11

라위트전 브라우어 (L.E.J. Brouwer)

별명 : 마음의 건축가

"수학은 바깥세상이나 다른 차원에 있는 게 아니야! 바로 우리 마음 속 가장 깊은 곳, 시간의 흐름을 느끼는 직관에서 태어나는 창조물이라고!"

수학의 본질은? 수학은 언어나 논리와는 독립된, 인간 정신의 순수한 창조 활동이지. 수학적 진리는 우리가 머릿속에서 명확하게 '구성'할 수 있는 증명을 만들었을 때 비로소 탄생하는 거야.

무한을 보는 시각 '실제 무한(actual infinity)'이라는 개념은 거부해. 인간의 유한한 직관으로는 '끝이 없는 모든 것'을 한 번에 구성할 수 없으므로, 이는 허구적인 개념이라고 보는 거지.

핵심 주장 (배중률 거부) "어떤 주장은 참이거나 거짓이거나 둘 중 하나다"라는 '배중률'을 무한의 영역에 적용해서는 안 된다고 봐. 예를 들어, 아직 증명되지도, 반증 되지도 않은 '골드바흐의 추측'에 대해 "참이거나 거짓이다"라고 단정하는 것은 지적으로 정직하지 않다고 보는 거지.

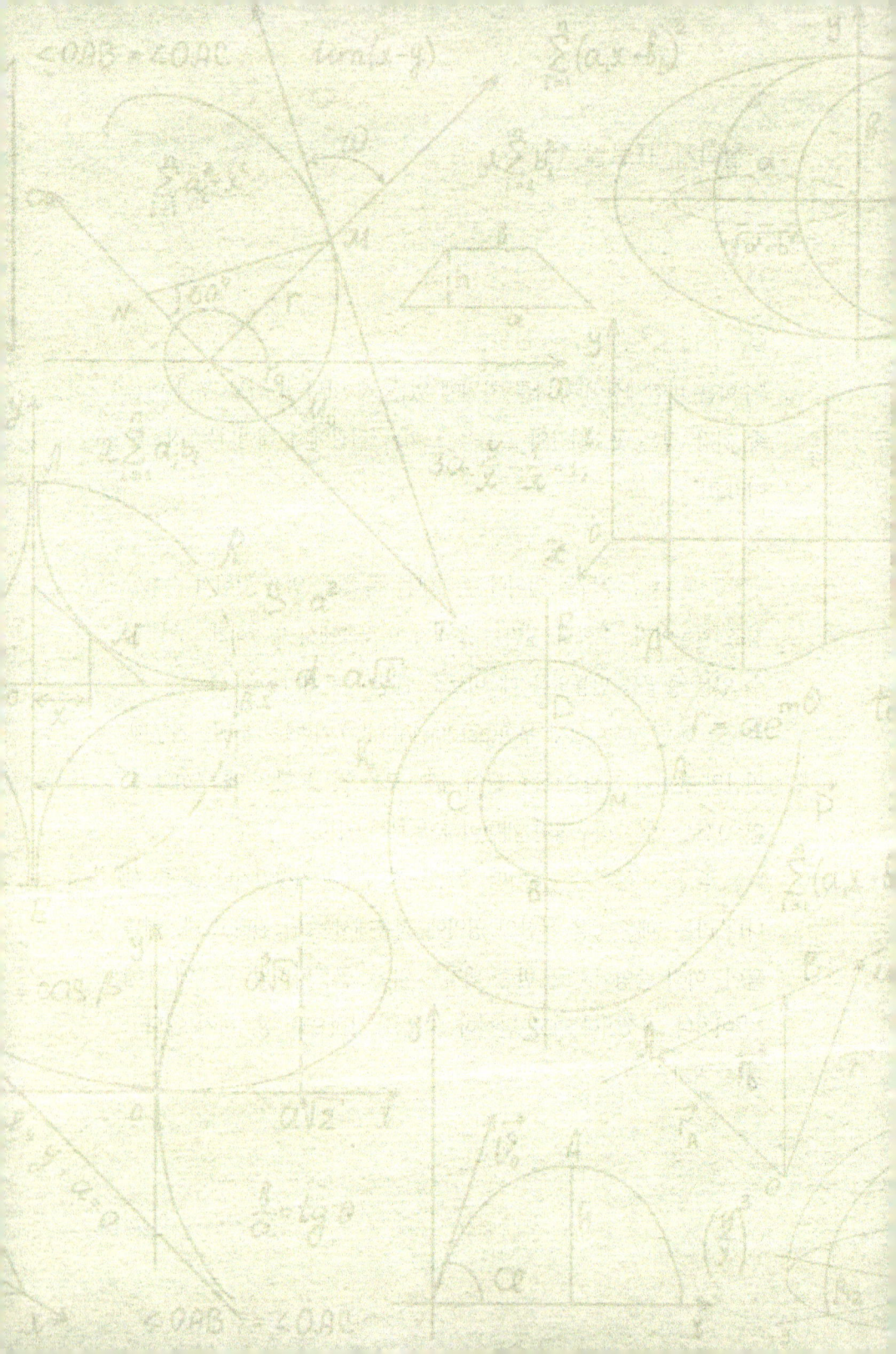

나가는 글

정답은 없지만, 질문은 계속된다. :

AI 시대의 수학 철학

최근 인공지능은 인간이 몇십 년간 풀지 못했던 수학 난제를 증명하거나, 인간 프로 기사들이 상상도 못 했던 새로운 바둑의 수를 두며 우리를 놀라게 하고 있습니다. 그렇다면, 인공지능이 새로운 수학 정리를 증명했을 때, 그것은 과연 무엇을 의미할까요?

1. "왕들의 시대는 끝났다"
　　세 거인(논리주의, 형식주의, 직관주의)의 퇴장

지금까지 우리는 수학이라는 거대한 세계의 본질을 밝히기 위해 경쟁했던 세 개의 위대한 철학 팀을 만나보았습니다. 기억나나요?

- 논리주의 : "수학은 결국 거대한 논리학이다!"라고 외치며, 수학을 완벽한 논리의 성으로 만들려 했던 팀.
- 형식주의 : "수학은 의미 없는 기호들로 하는 체스 게임과 같다!"라며, 수학의 '무모순성' 즉, 게임 규칙의 일관성이 가장 중요하다고 주장했던 팀.
- 직관주의 : "수학은 인간의 마음속에서 건설되는 창조물이다!"라며, 우리가 직접 직관으로부터 구성할 수 있는 수학만을 인정해야 한다고 목소리를 높였던 팀.

이 세 팀은 20세기 초반까지 "수학이란 무엇인가?"라는 질문에 대한 가장 강력한 답변들이었습니다. 그들은 각자의 방식으로 수학의 '완벽한 기초'를 찾으려고 노력했죠. 마치 세상의 모든 요리를 만들 수 있는 단 하나의 '궁극의 레시피 북'을 완성하려는 위대한 꿈과 같았습니다. 이 레시피 북만 있으면 어떤 요리(수학 명제)든 만들 수 있고(증명 가능하고), 레시피끼리 충돌하는 일도(모순도) 없으며, 만들지 못하는 요리(증명 불가능한 참)도 없는, 완벽하고 완전한 요리의 세계를 꿈꾼 것이죠.

하지만 젊은 천재, 쿠르트 괴델이 이 위대한 꿈이 사실은 이루어질 수 없다는 것을 증명해버렸습니다. 그의 '불완전성 정리'는 "아무리 잘 만든 레시피 북이라도, '분명히 존재하지만, 그 책의 레시피로는 절대 만들 수 없는 요리'가 반드시 있다"라는 것을 보여주었죠. 또한, "이 레시피 북이 완벽하다는 사실 자체를 이 레시피 북만으로는 증명할 수 없다"라는 충격적인 결론도 내놓았습니다.

괴델의 증명은 이 세 거인 팀에게 엄청난 충격을 안겨주었습니다. 수학 전체를 아우르는 단 하나의 완벽한 기초, 즉 '절대 왕'은 존재할 수 없다는 사실이 명백해졌기 때문입니다. 왕들의 시대는 저물고, 수학 철학의 세계는 이제 새로운 질문을 던지는 수많은 독립적인 탐험가들이 등장하는 '춘추전국시대'로 접어들게 됩니다.

2. "수학자들은 진짜 어떻게 일할까?"
철학, 현장을 가다.

'완벽한 기초'라는 꿈이 좌절되자, 철학자들은 눈을 돌리기 시작했습니다. 하늘 위에 떠 있는 이상적인 '수학의 세계'를 상상하는 대신, 땅 위에서 수학자들이 실제로 '무슨 일'을 하는지 관찰하기 시작한 것이죠. "수학 교과서에 실리는 딱딱한 증명 말고, 수학자들이 연구실에서 동료들과 토론하고, 끙끙대며 아이디어를 떠올리고, 실수하고, 그걸 고쳐나가는 과정에 진짜 수학의 비밀이 숨어있는 게 아닐까?" 이런 생각에서 출발한 새로운 흐름이 바로 '유사-경험주의(Quasi-Empiricism)'입니다. 이름이 좀 어렵죠? '유사(Quasi)'는 '거의', '~와 비슷한'이라는 뜻이니, 수학도 과학 같은 '경험적 학문'과 아주 비슷하게 보자는 뜻입니다.

헝가리 출신의 철학자 임레 라카토슈(Imre Lakatos)는 이 생각의 선두 주자였습니다. 그는 수학의 역사가 아름답고 완벽한 증명들로만 이루어진 것이 아니라, 수많은 '추측'과 그에 대한 '반박'의 역사라고 주장했습니다. 마치 과학자들이 "모든 백조는 하얗다"라는 가설을 세웠다가, 검은 백조(블랙 스완)가 발견되면서 가설을 수정하는 것처럼, 수학자들도 어떤 추측을 증명하려고 시도하다가 반례를 찾거나 증명의 허점을 지적당하면서 생각을 발전시킨다는 겁니다. 이 과정은 딱딱한 논리 계산이 아니라, 살아있는 인간들의 역동적인 '대화'에 가깝습니다.

미국의 수학자이자 철학자인 루벤 허쉬(Reuben Hersh)는 여기서 한 걸음 더 나아가, 수학을 일종의 '사회적 구성물'이라고 보았습니다. 그에게 '수학적 증명'이란, 플라톤의 이데아 세계에 있는 절대 진리를 베껴오는 것이 아닙니다. 증명이란 "자격을 갖춘 심판관들(동료 수학자들)을 설득시키는 논증"일 뿐이라는 겁니다.

생각해 볼까요? 수학 증명과 게임 메타

혹시 바둑을 배워본 적이 있나요? 이 게임에서는 초반의 '정석'을 통해 가장 합리적인 수들을 배워나갑니다. 이 정석이란 앞서 바둑의 최고수들이 실전에서 자주 사용하거나 최선으로 주장한 수입니다. 하지만 정석도 절대적인 진리는 될 수 없어서 일정 기간이 지나 새로운 최고수가 등장하면 바뀔 수 있습니다. 최근엔 인공지능 바둑이 등장하여 인간의 굳건했던 기존 정석들이 마구 갈아 치워지고 있죠. 온라인 게임도 마찬가지일 겁니다. 어떤 프로게이머가 기발한 전략을 선보여서 큰 대회에서 우승하면, 수많은 사람이 그 전략을 따라 하면서 새로운 '메타'가 만들어집니다. 하지만 시간이 지나고 다른 누군가 그 전략의 약점을 파고드는 새로운 전략을 개발하면, 메타는 또다시 바뀌죠.

허쉬의 관점에서 보면 수학도 이와 비슷합니다. 어떤 수학자가 놀라운 방식으로 증명에 성공하면, 동료 수학자들은 "와, 정말 대단한 증명이다!"라며 그것을 받아들이고 교과서에 싣습니다. 하나의 '정석(메타)'이 되는 것이죠. 하지만 훗날 누군가 그 증명 방식의 논리적 허점을 발견하거나, 훨씬 더 간단하고 아름다운 증명법을 제시하면 수학 커뮤니티의 '정석'은 또 바뀔 수 있습니다. 즉, '참된 증명'이란 하늘에 고정된 것이 아니라, 수학자라는 사회 안에서 '설득력 있다'라고 합의된 결과물이라는 뜻입니다. 어때요, 수학이 훨씬 인간적인 활동처럼 느껴지지 않나요?

3. "수학은 우리의 뇌 안에 있다."
뇌과학과 인지과학의 만남

또 다른 그룹의 사상가들은 더 근본적인 질문을 던졌습니다. "잠깐, 수학자 커뮤니티를 이야기하기 전에, 한 사람의 머릿속에서 '1+1=2'라는 생각은 대체 어떻게 생겨나는 거지? 우리 뇌는 어떻게 눈에 보이지도 않는 추상적인 수학을 할 수 있는 걸까?" 이 질문에 답하기 위해 철학자들이 뇌과학, 인지과학과 손을 잡기 시작했습니다. 이 새로운 흐름을 '수학의 인지과학' 또는 '체화된 인지(Embodied Cognition)'라고 부릅니다. 대표적인 학자는 언어학자 조지 레이코프(George Lakoff)와 인지과학자 라파엘 누녜즈(Rafael Núñez)입니다. 그들의 주장은 충격적일 만큼 간단합니다. 수학은 우리 몸에서 나온다!

우리가 하는 모든 추상적인 생각은 사실 다른 세계에서 왔거나 선험적인 것이 아니라 우리의 신체적 경험을 바탕으로 한 '은유(metaphor)'라는 것입니다. 마치 "그 사람은 마음이 따뜻해"라고 말할 때, '따뜻함'이라는 물리적 감각을 이용해 '친절함'이라는 추상적 성격을 이해하는 것처럼 말이죠. 수학도 마찬가지라는 겁니다.

- 산수는 '물건 모으기'라는 은유 : '숫자를 더한다.'라는 추상적인 생각은, 우리가 어릴 때부터 경험하는 '장난감 블록을 한 무더기에 합치는' 물리적 경험에서 나옵니다. '2+3=5'는 '블록 두 개와 세 개를 합치니 다섯 개가 되더라'는 경험의 추상화된 버전이라는 것이죠.

- 집합은 '그릇'이라는 은유 : 수학의 중요한 개념인 '집합(set)'은, 물건을 그릇이나 상자에 '담는' 경험에서 비롯됩니다. 어떤 원소가 집합에 '속한다(in).' 혹은 '속하지 않는다(out)'라는 표현 자체가 우리가 세상을 '안'과 '밖'으로 구분하는 신체적 경험에 뿌리를 두고 있습니다.

- 선은 '길'이라는 은유 : 점, 선, 면 같은 기하학의 기본 개념도 마찬가지입니다. '선'은 우리가 앞으로 걸어가는 '경로(path)'에서, '점'은 '위치(location)'에서 비롯된 추상적 개념입니다. "두 점 사이의 최단 거리는 직선이다."라는 명제는, "A 지점에서 B 지점으로 갈 때 가장 빠른 길은 똑바로 가는 것이다"라는 우리의 신체적 경험과 깊이 연결되어 있다는 뜻입니다.

이 관점은 수학이 플라톤의 '이데아 세계'나 데카르트의 '타고난 생각'에서 온 것이 아니라, 아리스토텔레스나 로크가 말했듯, 우리가 세상을 경험하며 공통점을 뽑아내는 '추상화'의 과정임을 현대 과학으로 증명하려는 시도라고 볼 수 있습니다. 수학은 인간이라는 종(種)이 가진 신체적, 신경학적 특징과 떼려야 뗄 수 없는 활동이라는 것이죠.

4. 관계와 질서, 컴퓨터와 만나다 : 구조주의와 유형론

수학을 인간의 활동(사회, 뇌)으로 보는 관점 외에도, 수학 그 자체의 내적 논리에 더 주목하는 관점도 있습니다. 특히 컴퓨터와 인공지능의 등장은 이 두 철학에 강력한 힘을 실어주었죠. 바로 '관계'에 주목하는 구조주의와 '질서'를 세우는 유형론입니다.

1) 중요한 건 개성이 아니라 관계야! - 수학적 구조주의

혹시 체스를 둘 줄 아나요? 체스에서 '킹'이라는 말은 나무로 만들었든, 플라스틱으로 만들었든, 혹은 컴퓨터 게임 속 이미지이든 상관없이 '킹'입니다. 왜 그럴까요? 그 말이 다른 말들과 어떤 '관계'를 맺고, 어떤 규칙(한 번에 한 칸씩 움직인다, 잡히면 게임이 끝난다

등)에 따라 움직이는지가 중요하기 때문이죠. 즉, '킹'의 정체성은 그 자체의 재질이나 모양이 아니라, 체스판이라는 '구조' 속에서의 역할과 관계에서 비롯됩니다.

수학적 구조주의(Mathematical Structuralism)는 바로 이런 아이디어에서 출발합니다. 숫자 '2'가 무엇이냐고 물으면, 구조주의자들은 '2'라는 것 자체가 독립적으로 존재하는 게 중요하지 않다고 말합니다. 대신 자연수라는 전체 '구조' 속에서 '1' 다음에 오고 '3'보다는 앞에 있으며, '1+1'의 결과이고, '4'의 절반이 되는 '위치'와 '역할'이 바로 '2'의 정체성이라고 설명하죠.

이 생각은 인공지능이 세상을 배우는 방식과 놀랍도록 닮아있습니다. AI 언어 모델에게 '고양이'가 무엇인지 가르칠 때, 우리는 고양이의 철학적 정의를 알려주지 않습니다. 대신 수많은 글 속에서 '고양이'라는 단어가 '귀엽다', '생선', '강아지', '울음소리' 같은 다른 단어들과 어떤 관계를 맺으며 등장하는지, 그 '패턴(구조)'을 학습시킵니다. AI는 단어의 의미를 '관계의 그물망' 속에서 파악하는 것이죠.

2) 컴퓨터와 수학의 만남, 오류를 막는 질서 – 유형론

컴퓨터로 문서를 작성하다가, 이미지 파일을 음악 플레이어로 열려고 하면 어떻게 될까요? 당연히 "파일 형식이 올바르지 않습니다"라는 오류 메시지가 뜰 겁니다. 음악 플레이어는 '음악 파일 유형'만

재생할 수 있도록 설계되었기 때문이죠. 20세기 초, 수학자들도 비슷한 문제에 부딪혔습니다. "자기 자신을 포함하지 않는 모든 집합들의 집합"과 같은 개념을 다루다 보니, 논리적으로 말이 안 되는 심각한 역설에 빠지게 된 것입니다.

이때 등장한 것이 바로 유형론(Type Theory)입니다. 핵심 아이디어는 간단합니다. "모든 수학적 대상은 정해진 '유형(Type)'을 갖는다"라는 것입니다. 숫자는 '숫자 유형', 집합은 '집합 유형'에 속하는 거죠. 그리고 서로 다른 유형의 대상을 함부로 섞어 쓸 수 없도록 엄격한 규칙을 세웠습니다. 마치 컴퓨터가 파일 확장자(.jpg, .mp3, .txt)로 데이터의 종류를 구분하듯, 수학의 세계에도 명확한 '타입'을 부여해서 논리적 오류와 역설을 원천적으로 막자는 생각이었습니다. 유형론은 처음에는 순수한 논리학적 시도였지만, 곧 컴퓨터 과학의 심장부로 들어왔습니다. 오늘날 우리가 사용하는 대부분의 프로그래밍 언어(Python, Java 등)는 바로 이 유형론에 기반을 두고 있죠. 덕분에 우리는 훨씬 더 안정적인 프로그램을 만들 수 있게 된 것입니다.

5. 돌아온 플라톤? 세련된 발견설 (수학적 자연주의)

수학이 단지 인간의 사회적 합의나 뇌의 작용일 뿐이라면, 한 가지 설명하기 어려운 점이 남습니다. 바로 "수학의 비합리적인 유효성" 문제입니다. 인간의 머리에서 나온 수학이 어떻게 우주의 블랙홀이나 소립자의 움직임을 그렇게나 정확하게 설명할 수 있을까요? 이것이 단순한 우연일까요?

"역시 수학은 인간을 초월한 무언가야."라고 생각하는 수학의 '발견설' 팀은 여기서 포기하지 않았습니다. 20세기 후반, 미국의 철학자 페넬로페 매디(Penelope Maddy) '발견설'을 아주 세련된 방식으로 부활시켰습니다. 이 철학은 '수학적 자연주의 (Mathematical Naturalism)'라고 부릅니다. 그녀의 주장은 이렇습니다. "철학자들이여, 더 이상 방 안에 앉아서 수학이 어때야 한다고 상상만 하지 말자. 대신, 가장 성공적인 지식 탐구 방법인 '과학'이 수학을 어떻게 사용하는지 직접 보자!" 물리학자나 공학자들이 수학을 사용할 때, 그들은 숫자나 집합, 공간이 '진짜로 존재할까?'를 고민하지 않습니다. 그들은 마치 그것들이 '실제로 있는' 대상인 것처럼 여기고, 그것들을 탐구하는 도구로써 수학을 사용합니다. 그리고 그 방법은 놀라울 정도로 성공적이죠.

매디는 이렇게 주장합니다. "우리는 수학의 기초를 철학에서 찾을 게 아니라, 수학 자체의 성공적인 '실천(practice)'에서 찾아야 한다.

수학자들은 마치 지도에 없는 새로운 대륙을 탐험하는 탐험가처럼 행동한다. 그들이 탐험하는 수학이라는 세계가 객관적으로 존재한다고 믿고, 그 안에서 새로운 길(증명)과 지형(정리)을 '발견'한다고 생각한다. 이 방법이 과학에서 큰 성공을 거두고 있다면, 우리 철학자들은 그들의 믿음과 방법을 존중하고 거기서부터 출발해야 한다."

이것은 플라톤처럼 신비로운 이데아의 세계를 가정하지는 않지만, 수학적 대상들이 우리 마음과는 독립적으로 존재하는 객관적인 실체라는 '믿음'을 되살린다는 점에서 '새로운 발견설'이라고 할 수 있습니다. 수학자들은 인간의 뇌로 상상하기 힘든 n 차원 공간이나 무한집합 같은 추상적인 세계를 탐험하지만, 그 세계는 우리가 만들어낸 것이 아니라 원래부터 그곳에 있는 '추상적 풍경'으로 보는 것이죠.

6. 이제 당신의 차례입니다.
AI는 수학을 '발명'할까, '발견'할까?

자, 우리는 수학의 기초를 찾으려던 거인들의 시대가 저문 뒤, 더욱 자유롭고 다채로운 질문들이 펼쳐지는 새로운 시대를 탐험했습니다.

- 어떤 이들은 수학을 인간들의 토론과 합의가 만들어내는 사회적 산물(유사-경험주의)로 봅니다.

- 다른 이들은 수학을 우리의 신체적 경험이 뇌 속에서 빚어낸 정신 활동(인지과학)으로 봅니다.
- 또, 수학이란 개별 대상이 아니라 관계의 구조(구조주의)이며, 논리적 오류를 막기 위한 엄격한 유형(유형론)의 체계라고 보는 시각도 있죠.
- 또, 이 모든 것과 무관하게 존재하는 추상적 세계를 탐험하는 발견의 과정(자연주의)으로 보는 이들도 있습니다.

어느 한쪽이 완벽한 정답이라고 말하기는 어렵습니다. 어쩌면 이 모든 관점이 각자 수학의 한 단면을 비추고 있는지도 모릅니다. 이제 이 책을 마무리하며, 이 모든 논의를 관통하는 마지막 질문을 여러분에게 던져보고자 합니다. 바로 우리 시대의 가장 뜨거운 화두인 '인공지능(AI)'에 대한 질문입니다.

최근 인공지능은 인간이 몇십 년간 풀지 못했던 수학 난제를 증명하거나, 인간 프로 기사들이 상상도 못 했던 새로운 바둑의 수를 두며 우리를 놀라게 하고 있습니다. 그렇다면, 인공지능이 새로운 수학 정리를 증명했을 때, 그것은 과연 무엇을 의미할까요?

- 발명일까요? AI가 데이터와 규칙을 학습하여 인간의 지능을 뛰어넘는 새로운 논리 구조물(구조주의, 유형론의 관점과도 통하죠)을

'창조'한 것일까요? 만약 그렇다면, 인간 정신의 가장 위대한 창조물이라고 여겨졌던 수학은 더 이상 인간만의 전유물이 아니게 됩니다.

- 발견일까요? AI는 인간보다 훨씬 뛰어난 탐험가로서, 원래부터 존재했지만 우리가 찾지 못했던 '수학적 진리'(자연주의의 관점이죠)라는 보물을 '발견'한 것일까요? 만약 그렇다면, 수학은 인간과 상관없이 존재하는 우주적인 진리라는 플라톤의 생각이 더욱 강력한 힘을 얻게 될지도 모릅니다.

이 질문에 대한 당신의 생각은 무엇인가요? 당신이 어떤 대답을 하든, 그것은 이 책에서 우리가 함께 탐험했던 위대한 철학자들의 생각과 맞닿아 있을 것입니다. 수학은 정답을 찾는 학문이지만, "수학이란 무엇인가?"라는 질문에는 아직 정해진 답이 없습니다. 이 위대한 질문에 대한 자신만의 답을 찾아가는 것. 그것이 바로 수학 철학의 가장 큰 즐거움이자, 이 책을 읽은 여러분에게 주어진 새로운 시작일 겁니다. 여러분의 지적인 모험을 응원합니다!

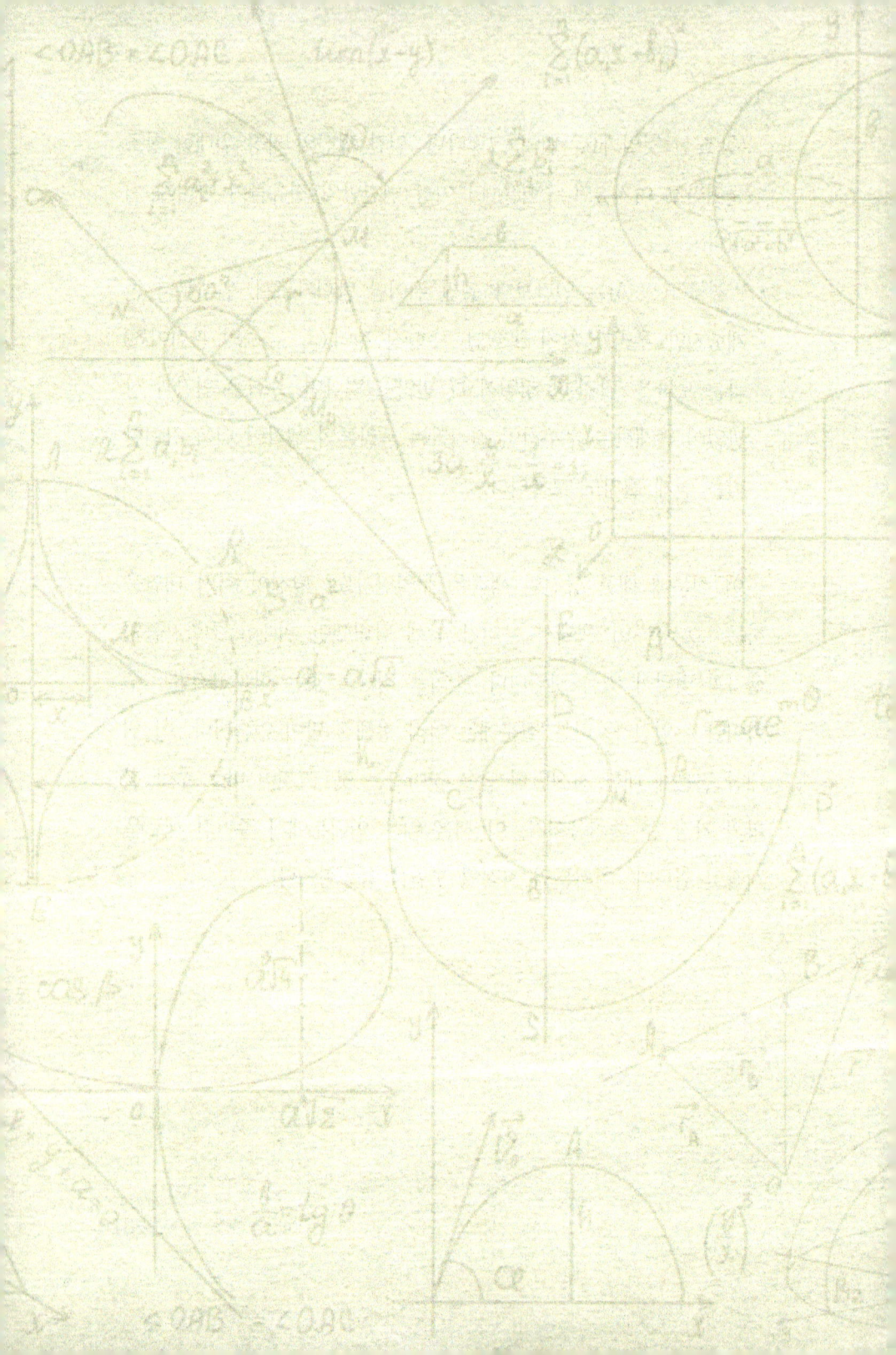

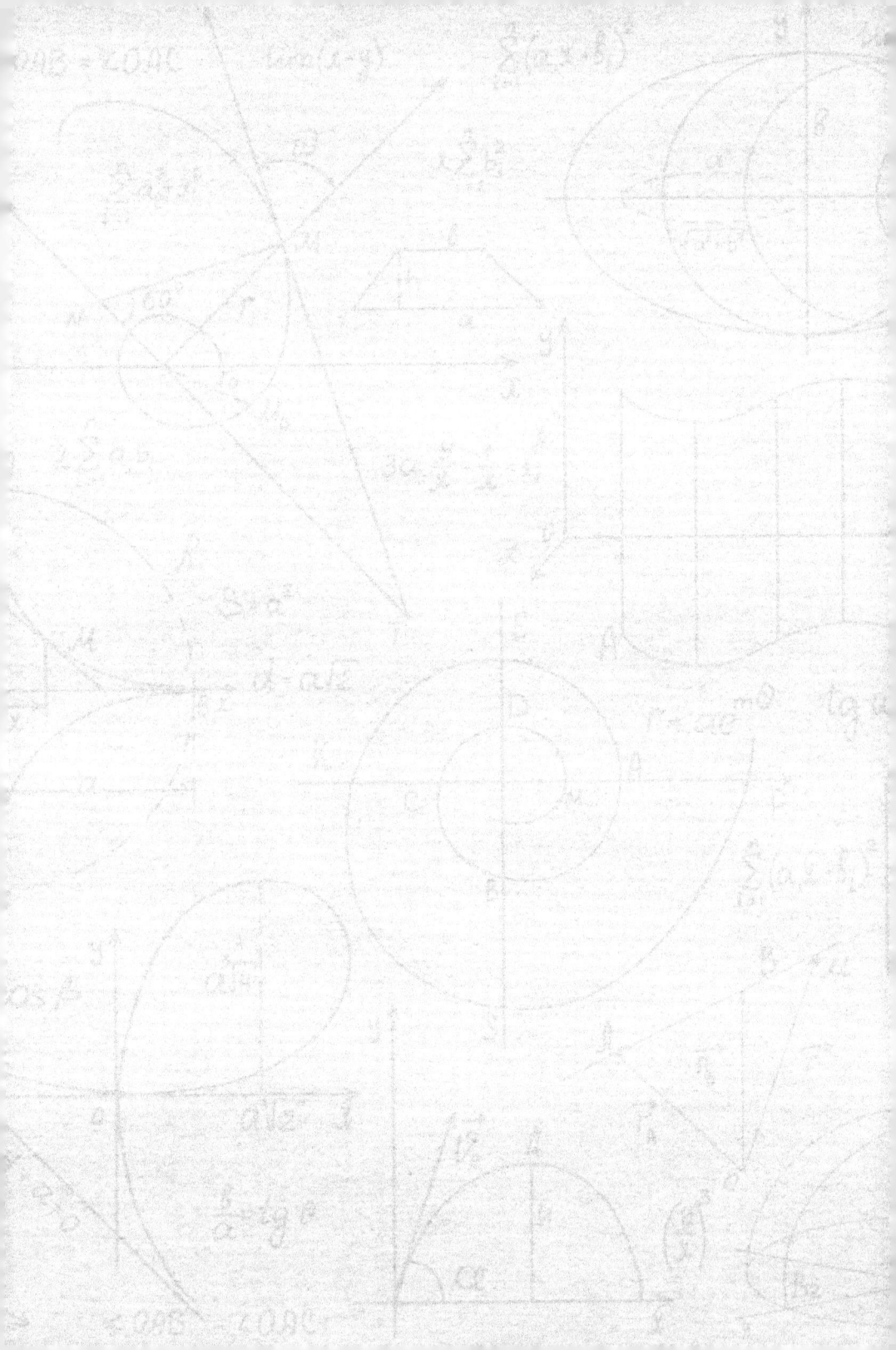

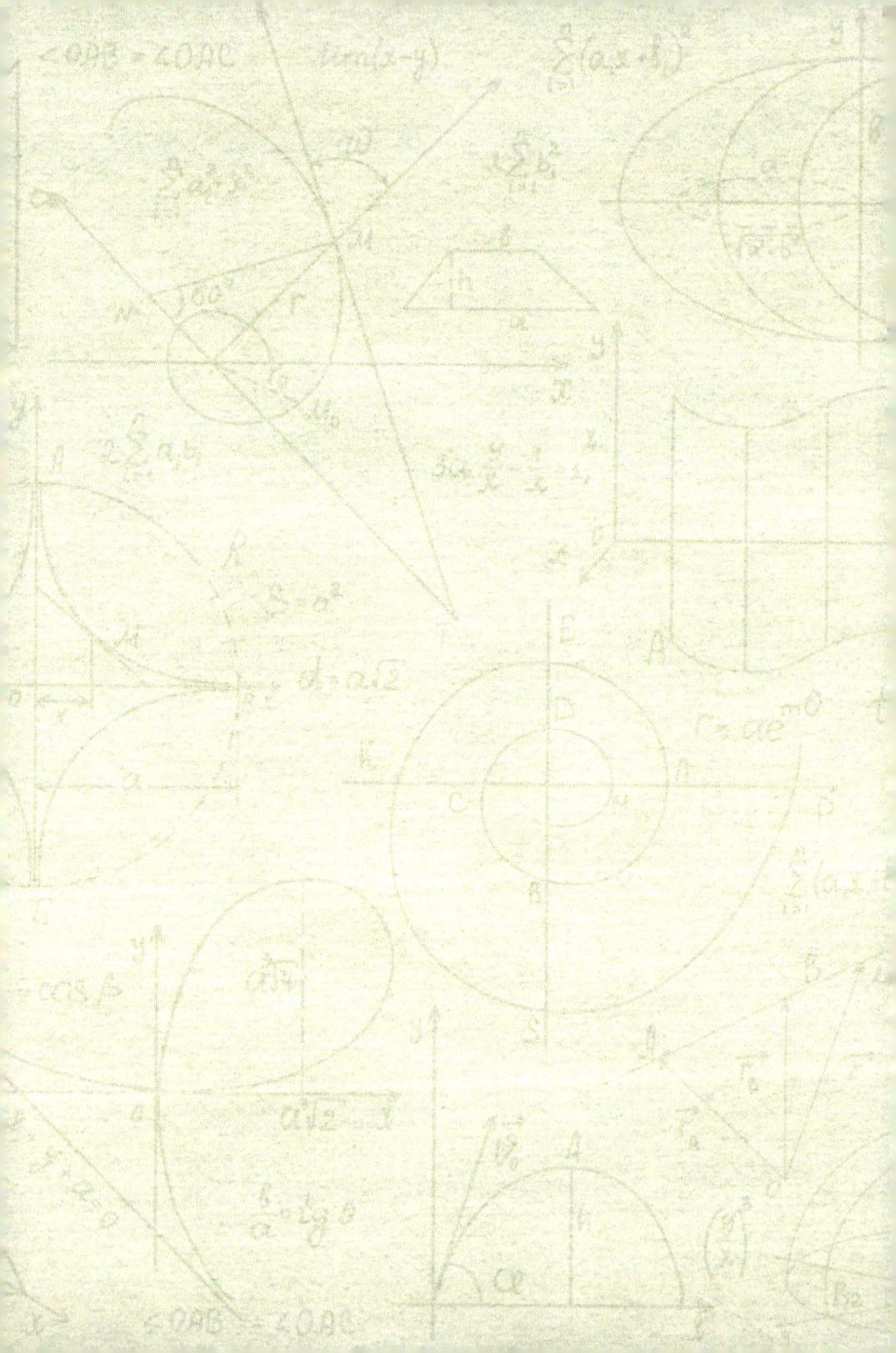